Heiko Weiß

Optimierung des dynamischen Verhaltens von linearen Hybridschrittmotoren unter besonderer Betrachtung von Schwingungen und Geräuschen

Optimierung des dynamischen Verhaltens von linearen Hybridschrittmotoren unter besonderer Betrachtung von Schwingungen und Geräuschen

Heiko Weiß

Universitätsverlag Ilmenau
2019

Impressum

Bibliografische Information der Deutschen Nationalbibliothek
Die Deutsche Nationalbibliothek verzeichnet diese Publikation in der Deutschen Nationalbibliografie; detaillierte bibliografische Angaben sind im Internet über http://dnb.d-nb.de abrufbar.

Diese Arbeit hat der Fakultät für Informatik und Automatisierung der Technischen Universität Ilmenau als Dissertation vorgelegen.

Tag der Einreichung:	4. Juni 2018
1. Gutachter	Univ.-Prof. Dr.-Ing. habil. Christoph Ament (Universität Augsburg)
2. Gutachter	Univ.-Prof. Dr. Yuri Shardt (Technische Universität Ilmenau)
3. Gutachter	Univ.-Prof. Dr.-Ing. Walter Schumacher (Technische Universität Braunschweig)
Tag der Verteidigung:	4. Dezember 2018

Technische Universität Ilmenau/Universitätsbibliothek
Universitätsverlag Ilmenau
Postfach 10 05 65
98684 Ilmenau
http://www.tu-ilmenau.de/universitaetsverlag

ISBN 978-3-86360-205-5 (Druckausgabe)
URN urn:nbn:de:gbv:ilm1-2018000738

Titelgrafik: photocase.com

Vorwort

Die vorliegende Dissertation entstand während meiner Tätigkeit als wissenschaftlicher Mitarbeiter am Fachgebiet Systemanalyse (vormals) / Automatisierungstechnik (aktuell) der Technischen Universität Ilmenau im Rahmen eines ZIM-Kooperationsprojektes mit der Firma Pasim Direktantriebe GmbH und der IMMS gGmbH.

Dem ehemaligen Leiter des Fachgebiets Systemanalyse Prof. Dr.-Ing. habil. Christoph Ament bin ich zu außerordentlichem Dank verpflichtet. Denn trotz des Wechsels seiner Tätigkeitsstätte an die Universität Augsburg sorgte er für eine hervorragende wissenschaftliche Betreuung dieser Arbeit. Für die Möglichkeit, meine Arbeit am Fachgebiet Automatisierungstechnik fertigzustellen, möchte ich mich auch außerordentlich bei Prof. Dr. Yuri Schardt bedanken.

Mein besonderer Dank gilt weiterhin Dr.-Ing. Arvid Amthor, der mich vor allem zu Beginn meiner Tätigkeit als wissenschaftlicher Mitarbeiter gefördert hat und Initiator des Kooperationsprojektes war.

Ebenso möchte ich einen besonderen Dank an Dr.-Ing. Mike-Joachim Eichhorn richten. Er unterstützte mich in der kompletten Zeit meines Promotionsvorhabens mit wichtigen fachlichen und persönlichen Ratschlägen.

Außerdem danke ich den Mitarbeitern der Pasim Direktantriebe GmbH sowie der IMMS gGmbH, die dazu beigetragen haben, dass die vorliegende Arbeit in dieser Art entstehen konnte.

Bedanken möchte ich mich auch bei allen aktuellen und ehemaligen Mitarbeitern des Fachgebiets Systemanalyse / Automatisierungstechnik, sowie Studenten, die im Rahmen ihrer Abschlussarbeiten bzw. hilfswissenschaftlichen Tätigkeiten für nützliche Beiträge sorgten.

Herzlich möchte ich mich bei meinen Eltern bedanken, die mich in meinem bisherigen Lebens- und Ausbildungsweg immer fürsorglich unterstützt haben. Allen Freunden danke ich für die aufmunternden Worte.

Inhaltsverzeichnis

Abkürzungs- und Symbolverzeichnis

Abkürzungen

BEM	Boundary-Elemente-Methode
BP	Betriebspunkt
dB	Dezibel
DGL	Differentialgleichung
EKF	Erweitertes Kalman-Filter
EMK	Elektromotorische Kraft
FEM	Finite-Elemente-Methode
FFT	Fast Fourier Transform
HSM	Hybridschrittmotor
IC	Integrated Circuit (Interner Schaltkreis)
IEC	International Electrotechnical Commission
IEPE	Integrated Electronics Piezo Electric
IMMS	Institut für Mikroelektronik- und Mechatronik-Systeme gGmbH
LHSM	Linearer Hybridschrittmotor
LRSM	Linearer Reluktanzschrittmotor
MEMS	Microelectromechanical Systems
MIMO	Multiple Input Multiple Output
OPV	Operationsverstärker
RMS(E)	Root Mean Square (Error)
RSM	Reluktanzschrittmotor
SISO	Singe Input Single Output

SPM	Schalldruckpegelmessgerät
TP	Tiefpass
TTL	Transistor-Transistor-Logik
u.B.v.	unter Bedingung von
VS	Vorsteuerung

Symbole und Formelzeichen

$(*)$	Faltungsoperator
$(\hat{})$	Geschätzte Größe
$(\dot{})$	Ableitung nach der Zeit
$\lVert\,\rVert_2$	Euklidische Norm
$\mathbf{A}$	Systemmatrix
$\mathbf{a}(\mathbf{x})$	Nichtlineare Zustandsfunktion
abs	Betrags-Funktion
a_k	Polynomkoeffizienten
$A_{Q,rechts}$	Rechte Seitenfläche eines Quaders
a_x	Horizontalschwingung
a_z	Vertikalschwingung
$\mathbf{B}$	Vektor der magnetischen Flussdichte, Eingangsmatrix
$\mathbf{b}$	Eingangsvektor
c	Federsteifigkeit
$\mathbf{C}$	Kommutierungsmatrix, Ausgangsmatrix
$\mathbf{c}(\mathbf{x})$	Nichtlineare Ausgangsfunktion
$\mathbf{c}^*(\mathbf{x})$	Nichtlineare Ausgangsfunktion der direkten Systembeschreibung
c_1, c_2, c_3	Kommutierungsfunktionen
c_{KS}	Faktor der Kraftschwankungsstärke
$\mathbf{D}$	Durchgangsmatrix

$\mathbf{d}^*(\mathbf{x})$	Durchgangsvektor der direkten Systembeschreibung
$\mathbf{dA}$	Flächenelement im Raum
D_k, T_k	Parameter eines PT_2-Glieds
d_v	Viskoser Dämpfungskoeffizient
E	Elektrische Feldstärke
ΔE	Empfindungsänderung
e	Ausgangsfehler, Regelfehler
$\mathbf{F}$	Kraftvektor
f	Frequenz
$f(.)$	Funktion
$\mathbf{f}$, $\mathbf{f}(\mathbf{x})$	Kraftdichtevektor, Vektor der nichtlinearen Systemdarstellung
F_A	Antriebskraft, Statische Antriebskraft
f_{Arbeit}	Arbeitsfrequenz
$\mathbf{f}_d(\mathbf{x})$	Vektor der zeitdiskreten nichtlinearen Zustandsraumdarstellung
F_{Dyn}, $F_{Dyn,red}$	Dynamische Antriebskraft
fenst	Fensterfunktion
F_{Gleit}, f_{Gleit}	Gleitreibungsterme
F_H	Haltekraft der Haftreibung
F_{Haft}, f_{Haft}	Haftreibungsterme
F_{Hor}	Horizontalkraft
f_{IHS}	Grenzfrequenz (Ansteuerfunktion)
f_{IZS}	Grenzfrequenz (Gain-Scheduling-Regler)
F_K	Stellkraft
$f_{KS,F}$	Schwingungsform der Kraftschwankungen
$f_{KS,St}$	Stärke der Kraftschwankungen
$f_{KS,St,Verh}$	Verhaltensfunktion der Kraftschwankungsstärke
F_L	Lastkraft

$F_{Leiter,h}$	Horizontale Leiterkraft
$F_{Leiter,v}$	Vertikale Leiterkraft
f_{Lin}	Lineare Funktion
$\mathbf{f}_{opt}$	Optimierte Phasenstromfunktionen
f_{Pol}	Polynomfunktion
F_{Rast}	Rastkraft
F_R	Reibkraft
f_{sx}	Grenzfrequenz (Geschwindigkeitsermittlung)
f_{Tast}	Prozessfrequenz
F_{Ver}	Vertikalkraft
f_{vx}	Grenzfrequenz (Ansteuerfunktion)
$F_{Zahn,h}$	Horizontale Zahnkraft
$F_{Zahn,v}$	Vertikale Zahnkraft
$G_{BP}(s)$	Bandpassfilter
$G_{BS}(s)$	Übertragungsverhalten des Beschleunigungssensors
$G_{HP}(s)$	Hochpassfilter
$G_{TP}(s)$	Tiefpassfilter
$\mathbf{H}$	Vektor der magnetischen Feldstärke
$\mathbf{h}(\mathbf{x})$	Nichtlineare Ausgangsfunktion
h_Q	Höhe
i	Imaginäre Einheit
I, I_{Regler}, $I_{0,HS,VS}$	Stellströme, Stellgrößenamplituden
I_0, $I_{0,\mathrm{HS}}$, $I_{0,HS,PID}$	Sollströme
i_1, i_2, i_3	Phasenströme
I_{HS}	Hauptstrom
I_{Lim}	Stellgrößenbegrenzung
i_{opt1}, i_{opt2}, i_{opt3}	Optimierte Phasenströme

I_{Rast}	Kompensationsstrom für Rastkräfte
I_{ZS}	Zusatzstrom
k	Index, zeitdiskreter Tastschritt
K_F, k_{F1}, k_{F2}	Kraftkonstanten
k_k, k_I, K_I	Parameter des nichtlinearen Kompensationsreglers
k_P, k_I, k_D, k_N	PID-Reglerparameter
$k_{P,k}$, $k_{I,k}$, $k_{D,k}$, $k_{N,k}$	Parameter des Gain-Scheduling-Reglers
k_{UI}	Verstärkungsfaktor der analogen Stromregelung
L	Induktivität
$\mathcal{L}$	Laplace-Operator
L_{eq}	Energieäquivalenter Schalldruckpegel
l_L, l_M, l_Q, h_Q	Geometrische Längen
L_p	Schalldruckpegel
$L_x f(.)$	Lie-Ableitung
$\mathbf{m}$	Vorfilter
M	Anzahl
m_L	Läufermasse
mod	Restwert-Funktion
N	Anzahl
p	Druck
p_0	Hörschwelle
$\mathbf{p}_A$, $\mathbf{p}_{A,red}$	Parameter der statischen Antriebskraft
$\mathbf{p}_{Ad}$	Parameter der Stellgrößenadaption
$\mathbf{p}_{Dyn}$	Parameter der dynamischen Antriebskraft
P_{Hys}	Hystereseverlustleistung
$\mathbf{p}_{KS,F}$	Parameter der Schwingungsform
$\mathbf{p}_{KS,St}$	Parameter der Kraftschwankungsstärke

$\mathbf{p}_{R}$, $\mathbf{p}_{R,red}$	Parameter der Reibkraft
$\mathbf{p}_{Rast}$	Parameter der Rastkraft-Kompensation
P_{Verl}	Verlustleistung
P_{WS}	Wirbelstromverlustleistung
Q	Elektrische Ladung, Gütefunktion
$\mathbf{Q}$	Kovarianzmatrix des Prozessrauschens
q_1, q_2, q_3	Kraftfunktionen
q_k	Parameter des nichtlinearen Kompensationsreglers
q_{sx}	Auflösung des Positionssignals
q_{vx}	Auflösung des Geschwindigkeitssignals
r	Kovarianz des Messrauschens
$r(\mathbf{x})$	Reglerrückführung
R, R_1, R_2, R_3	Elektrische Widerstände
ΔR	Reizänderung
r_H	Radius der zylindrischen Hüllfläche
R_m	Magnetischer Widerstand
$\mathbb{R}^n$	n-dimensionaler euklidischer Raum (Vektordimension)
rot	Rotations-Operator
sgn	Signum-Funktion
s_i	Imaginärteil eines konj. kompl. Polpaares
s_r	Realteil eines konj. kompl. Polpaares
s_x	Position des Läufers
$s_{x,ph}$	Phasenposition
$s_{x,rel}$	Relative Phasenposition
$s_{x,soll}$	Sollposition
s_{x0}	Schrittweg
t	Zeit

T_{Samp}	Abtastzeit
T_{Sim}	Simulationszeit
ΔT_V	Zeitverzögerung
T_Z	Zahnteilungsperiode
$\mathbf{u}$	Eingangsgrößenvektor
u_{emk}	Bewegungsinduktionsspannung (Elektromotorische Kraft)
$U_{kommand}$	Kommandierter Sollstrom
$\mathbf{v}$	Geschwindigkeitsvektor
v_x	Geschwindigkeit des Läufers
$v_{x,soll}$	Soll-Geschwindigkeit
w	Windungszahl
$\mathbf{w}$	Führungsgrößenvektor
w_{KS}, w_{Z1}, w_{Z2}	Gewichtungsfaktoren
$\mathbf{x}$	Zustandsvektor
x_m	Position des Magneten
$\hat{x}_0$, $\hat{x}_1$	Schwingungsamplituden
$\mathbf{y}$	Ausgangsgrößenvektor
$\mathbf{y}^*$	Ausgangsgrößenvektor der direkten Systembeschreibung
y_{Mess}	Gemessene Ausgangsgröße
Z_1, Z_2, Z_3, Z_{ges}	Gütefunktionen
z_{Luft}	Höhe der Luftschicht
α, $\Delta\alpha$	Lastwinkel
$\Delta\alpha_{max}$	Obere Lastwinkelgrenze
$\Delta\alpha_{min}$	Untere Lastwinkelgrenze
α_{Hys}	Hysterese-Exponent
$\Delta\alpha_{opt}$	Optimaler Lastwinkel

δ	Differenzordnung
η	Dynamische Viskosität
μ_0	Magnetische Feldkonstante
μ_r	Relative Permeabilitätszahl
$\boldsymbol{\sigma}$	Maxwellscher Spannungstensor
τ	Zeitkonstante
τ_{Fluid}	Fluidische Schubspannung
τ_{HS}	Zeitkonstante des Hauptspulensystems
τ_{ZS}	Zeitkonstante des Zusatzspulensystems
φ	Winkel
ω_e	Eigenkreisfrequenz

Kurzfassung

Diese Arbeit befasst sich mit der Entwicklung von Methoden und Reglern zur Reduzierung von Schwingungen und Geräuschen von linearen Hybridschrittmotoren (LHSM). Die Ursachen der Schwingungen und Geräusche sind Kraftschwankungen, die elektromagnetisch durch das Antriebsprinzip bedingt sind.

Der untersuchte Motor ist ein Prototyp, der von der Firma Pasim Direktantriebe GmbH zur Verfügung gestellt worden ist. Dieser ist durch ein Zusatzspulensystem gekennzeichnet, das eine variable magnetische Erregung ermöglicht. Somit kann der Motor mit einer konstanten magnetischen als auch mit einer sich ändernden magnetischen Erregung betrieben werden. Diese beiden Betriebsmodi werden in dieser Arbeit als Ausgangssituationen verwendet, um damit mögliche Reduzierungen von Schwingungen und Geräuschen zu erzielen.

Für den als Standardmotor zu betrachtenden konstant erregten LHSM werden drei Methoden untersucht. Dazu gehören die Lastwinkel-Optimierung, die Rastkraft-Kompensation sowie die Optimierung der Kommutierung. Unter diesen Methoden lassen sich mit der optimierten Kommutierung die Horizontalschwingungen am besten verringern. Wahrnehmbare Lautstärkeänderungen können damit allerdings nicht erreicht werden.

Das Ziel des mit variabler Erregung betriebenen LHSM ist ebenfalls eine Reduzierung von Schwingungen und Geräuschen. Zu diesem Zweck werden die sich mit der variablen Erregerkomponente ändernden Eigenschaften des LHSM ausgenutzt, um ein antriebseffizientes und schwingungsreduzierendes Betriebsverhalten zu erhalten. Dafür ist es erforderlich, den variabel erregten LHSM zu modellieren und die dazugehörigen Parameter zu identifizieren. Schließlich wird eine Ansteuerfunktion für die variable Erregerkomponente auf der Grundlage eines Optimierungsproblems entwickelt. Die Ansteuerfunktion wird im positionsgeregelten Betrieb angewendet und zeigt dabei eine Reduzierung der Schwingungen um ein Vielfaches in allen Raumrichtungen. Das führt dazu, dass die wahrgenommene Lautstärke um annähernd die Hälfte gegenüber einem

Motor mit konstanter magnetischer Erregung gesenkt werden kann. Zur weiteren Verbesserung der Betriebseigenschaften werden verschiedene Reglerstrategien entwickelt und getestet. Die Ergebnisse zeigen, dass sich für diesen Zweck ein optimierter PID-Regler mit modellbasierter Vorsteuerung am besten eignet.

Abstract

This work addresses the development of methods and controllers to reduce vibrations and noise of a linear hybrid stepper motor (LHSM). The causes of vibrations and noise are force fluctuations resulting from the electromagnetic drive principle.

The investigated actuator is a prototype provided by Pasim Direktantriebe GmbH. It is characterized by an additional coil system that allows variable magnetic excitation. This means that the motor can be operated with a constant magnetic excitation as well as with a changing magnetic excitation. These two operating modes are used as a basis for this work in order to achieve possible reductions in vibrations and noise.

Three methods are investigated for the constantly excited LHSM, which is to be considered as a standard motor. These include load angle optimization, cogging force compensation and optimization of commutation. Among these methods, the best results, concerning horizontal vibrations of the carriage, can be attained with the optimized commutation. However, a noticeable reduction in noise cannot be achieved using this method.

The aim of the variably excited LHSM is to reduce vibrations and noise. For this purpose, the properties of the LHSM that vary with the variable excitation component are exploited to achieve drive-efficient and vibration-reducing operating behavior. This requires modelling of the variably excited LHSM and identification of the associated parameters. Finally, a control function for the variable excitation component is developed on the basis of an optimization problem. The control function is applied in position-controlled operation and shows a multiple reduction of vibrations in all spatial directions. This means that the perceived noise level can be reduced by almost half compared to a motor operated with constant magnetic excitation. In order to further improve the operating characteristics, various controller strategies are developed and tested. For this purpose, the results show that an optimized PID controller with model-based feedforward control is most suitable.

1 Einleitung

In den vergangenen Jahren ist in der Wirtschaft ein deutlicher Trend zu erhöhter Automatisierung und Digitalisierung zu beobachten. Dieser Trend wird sich fortsetzen und unter dem Schlagwort Industrie 4.0 die Arbeitswelt durch intelligente Fabriken maßgeblich verändern. Die intelligente Fabrik ist dadurch gekennzeichnet, dass Algorithmen selbstständig Fertigungsprozesse koordinieren, mobile Roboter für den Materialfluss verantwortlich sind und Service-Roboter mit dem Menschen im Montageprozess interagieren [53]. Eine Folge der Entwicklung ist, dass die Anzahl der in Fertigungs- und Automatisierungsanlagen verbauten elektrischen Aktoren steigt. In dem gegebenen Arbeitsumfeld muss darauf geachtet werden, dass der Werker keinen Gefahren bzw. gesundheitsschädigenden Einflüssen ausgesetzt ist. Ein solcher gesundheitsschädigender Einfluss ist auch die Lärmbelastung, die in verschiedenen nationalen und internationalen Normen und Richtlinien definiert ist [117]. Zudem werden durch eine intelligente Automatisierung neue Anwendungsfelder erschlossen, die nicht nur im klassischen Fabrikumfeld zu sehen sind, sondern beispielsweise auch private Haushalte in Form von intelligenten Wohnumgebungen betreffen.

Nahezu alle elektrischen Aktoren sind durch mechanische Schwingungen gekennzeichnet, die als Nebeneffekt der Kraft- bzw. Momentenerzeugung entstehen. Die Schwingungen sorgen für eine Abstrahlung von Schall in die Umgebung und wirken somit direkt auf den Menschen ein. Gerade bei lauten und langanhaltenden Schallereignissen können, aus medizinischer Sicht betrachtet, Gesundheitsstörungen entstehen [64]. Daher ist es wichtig, bei der Entwicklung von elektrischen Antrieben auf die Lärmemission zu achten bzw. Maßnahmen zur Reduzierung von Schwingungen und Geräuschen durchzuführen.

1.1 Motivation und Zielstellung

Diese Arbeit soll einen Beitrag dazu leisten, steuerungstechnische Maßnahmen zur Reduzierung von Geräuschen elektrischer Antriebe im Allgemeinen und insbesondere für einen linearen Direktantrieb aufzuzeigen. Gegenüber klassischen Antriebssystemen, die mithilfe von mechanischen Umformern (Getriebe) eine rotatorische Bewegung in eine lineare Bewegung umsetzen müssen, erzeugen lineare Direktantriebe die Kraft bereits in translatorischer Richtung. Somit bieten Direktantriebe die Möglichkeit zur hochdynamischen Positionierung.

Gegenstand der Untersuchungen in dieser Arbeit ist ein linearer Hybridschrittmotor (LHSM), der vielfältig in der Automatisierungstechnik sowie in der Mikro- und Halbleitertechnik als auch in der Mess- und Prüftechnik eingesetzt wird. Der untersuchte LHSM ist ein von Firma *Pasim Direktantriebe GmbH* zur Verfügung gestellter Prototyp. Dieser ist dadurch gekennzeichnet, dass er als herkömmlicher Motor mit konstanter magnetischer Erregung sowie als Motor mit variabler magnetischer Erregung betrieben werden kann. Die variable Erregung wird durch ein zusätzliches Spulensystem ermöglicht. Anhand dieses Antriebssystems sollen zum einen steuerungstechnische Methoden für einen herkömmlichen LHSM untersucht werden. Zum anderen soll die neu geschaffene Stellgröße der variablen Erregung gezielt ausgenutzt werden, um die Schwingungen und Geräusche des LHSM zu senken. Dabei ist darauf zu achten, dass der eigentliche Betrieb in Bezug auf den herkömmlichen Motor nicht eingeschränkt wird bzw. die Betriebseigenschaften nicht signifikant verschlechtert werden. Als Indikator für die Bewertung dieser Anforderung wird die Positioniergenauigkeit herangezogen und die verschiedenen Konzepte dieser Arbeit werden im Regelungsbetrieb miteinander verglichen. Letztendlich soll beurteilt werden, welche Methoden unter den Gesichtspunkten Schwingungsreduktion und Positioniergenauigkeit empfehlenswert sind und ob sich der Aufwand der konstruktiven Modifikation zur Herstellung einer variablen magnetischen Erregung lohnt.

Die Ergebnisse dieser Arbeit sind im Rahmen eines ZIM-Kooperationsprojektes (gefördert durch das Bundesministerium für Wirtschaft und Energie) mit den Partnern *Pasim Direktantriebe GmbH* und *IMMS gGmbH* entstanden. Das Ziel des Projektes bestand darin, neben den in dieser Arbeit dargestellten steuerungstechnischen Maßnahmen konstruktive und werkstofftechnische Maßnahmen zu untersuchen, um die dynamischen Eigenschaften eines LHSM zu optimieren.

1.2 Aufbau der Arbeit

Die vorliegende Arbeit besteht aus sieben Kapiteln. Nach der Einleitung soll der Stand der Wissenschaft erläutert werden. Dazu wird eine Klassifikation von linearen Direktantrieben nach ihrem Funktionsprinzip durchgeführt sowie deren Unterschied zu indirekten Antrieben mit Rotationsmotor herausgearbeitet. Des Weiteren sollen relevante physikalische Grundlagen hinsichtlich Krafterzeugung sowie der Entstehung von Schwingungen und Schall präsentiert werden. Eine Darstellung des Stands der Technik der Maßnahmen zur Reduzierung von Schwingungen und Geräuschen schließt dieses Kapitel ab. Der Prüfstandsaufbau des in dieser Arbeit untersuchten LHSM-Prototypen wird im dritten Kapitel thematisiert und dient dazu, das untersuchte System in seiner Komplexität kennenzulernen. Im vierten Kapitel werden Methoden zur Reduzierung von Schwingungen und Geräuschen für einen LHSM mit konstanter magnetischer Erregung entwickelt und untersucht. Darauffolgend ist im fünften Kapitel der Fokus auf den variabel erregten Motor gerichtet. Für diesen wird ein systemdynamisches Modell erarbeitet, bei dem die besonderen Eigenschaften der variablen Erregung berücksichtigt werden. Dieses Kapitel beinhaltet ebenso die Parameteridentifikation, sodass ein identifiziertes Systemmodell entsteht. Auf Basis des identifizierten Modells wird anschließend eine Ansteuerfunktion für das Zusatzspulensystem entwickelt mit dem Ziel, die Schwingungen und Geräusche des LHSM zu reduzieren. Abschließend wird in diesem Kapitel noch untersucht, ob und welche unterschiedlichen Reglerstrategien im positionsgeregelten Betrieb zu weiteren Verbesserungen der dynamischen Eigenschaften des LHSM führen können. Im vorletzten Kapitel wird der variabel erregte LHSM mit dem konstant erregten LHSM hinsichtlich des Schwingungsverhaltens und des Schalldruckpegels verglichen. Des Weiteren werden die Methoden bzw. Regler des vierten und fünften Kapitels isoliert voneinander betrachtet und bewertet. Zum Abschluss der Arbeit werden die wesentlichen Erkenntnisse zusammengefasst und ein Ausblick mit allgemeinen Verbesserungsvorschlägen gegeben.

Die in dieser Arbeit verwendeten neuartigen Ansätze sollen kurz genannt werden:

- Untersuchung von Methoden zur Reduzierung von Schwingungen und Geräuschen eines linearen Hybridschrittmotors
- Anwendung eines Gebrauchsmusters [35] und Erweiterung zur automatisierten Ermittlung einer optimalen Lastwinkel-Kennlinie für einen LHSM.

- Anwendung eines neuartigen Identifikationsverfahrens zur Ermittlung der Kraftfunktionen eines LHSM, auf dessen Basis eine freie nichtsinusförmige Kommutierung optimiert wird
- Modellbildung und Identifikationen eines LHSM-Prototypen mit variabler magnetischer Erregung
- Entwurf eines Verfahrens zur optimierten Ansteuerung der variablen Erregerkomponente des LHSM
- Entwicklung einer Strategie zum optimierungsbasierten Reglerentwurf unter Berücksichtigung der besonderen Eigenschaften des variabel erregten LHSM
- Vergleich der entwickelten Methoden hinsichtlich von Schwingungen und Geräuschen unter Verwendung eines Beschleunigungssensors sowie eines Schalldruckpegelmessgeräts

2 Stand der Wissenschaft

2.1 Lineardirektantriebe

2.1.1 Vergleich mit konventionellen Linearantrieben

Das Ziel von Linearantrieben ist die Erzeugung von linearen Bewegungen. Grundsätzlich können zwei technische Prinzipien unterschieden werden. Bei konventionellen Linearantrieben wird eine Drehbewegung der Welle eines Rotationsmotors über ein Getriebe in eine lineare Bewegung umgewandelt. Als Bewegungswandler werden dabei Spindel-, Riemen-, und Zahnstangengetriebe eingesetzt. Je nach Anforderungskriterien ist eine passende Motor-Getriebe Kombination auszuwählen. Riemengetriebe sind aufgrund ihrer Elastizität bezüglich Dynamik und Positioniergenauigkeit eingeschränkt anwendbar [135]. Zahnstangengetriebe weisen eine höhere und konstante Steifigkeit auf und eignen sich zum Einsatz für längere Vorschubwege. Jedoch besitzen sie erhöhtes Spiel und eignen sich daher weniger für Präzisionsanwendungen. Spindelantriebe sind durch eine hohe Steifigkeit und Kompaktheit gekennzeichnet und unter den konventionellen Linearantrieben am häufigsten vorzufinden. Weitere Merkmale der drei genannten indirekten Antriebsvarianten werden in [41, S. 28 f] aufgezeigt.

Aufgrund der zu favorisierenden Eigenschaften des Spindelantriebs wird dieser für einen Vergleich mit Lineardirektantrieben herangezogen. Zum Aufbau des indirekten Spindelantriebs (siehe Abbildung 2.1 b)) werden deutlich mehr Komponenten benötigt, was die Verschleißanfälligkeit erhöht. Dagegen wird das Ausführen linearer Bewegungen bei dem Lineardirektantrieb (siehe Abbildung 2.1 a)) mit einer minimalen Anzahl an Bauteilen erreicht. Dazu gehören der Schlitten zur Aufnahme von Lasten und Werkzeugen sowie Linearführungen und ein Messsystem, welches zur Positionsregelung benötigt wird. Trotz Bauteilreduzierung sind die Kosten für die meisten Lineardirektantriebe größer, da diese eine komplexe Geometrie aufweisen bzw. der Einsatz von kostenintensiven Spulen- und Permanentmagnetmaterial relativ groß ist.

Allen indirekten Antriebsvarianten gemeinsam ist das Vorhandensein eines Rotations-Translations-Umsetzers, der eine bestimmte Elastizität mit sich bringt. Durch dessen Eigenschaften werden die Reglerbandbreite und damit die Positionierdynamik bestimmt. Bei Lineardirektantrieben dagegen ist kein Umsetzungsgetriebe erforderlich, da die Kraft direkt an dem Arbeitsschlitten erzeugt wird. Deshalb existiert auch kein getriebebedingtes Umkehrspiel bzw. Lose. Aus systemtechnischer Sicht stellt Lose zudem eine Nichtlinearität in Form einer Totzone dar, was zum einen die Positioniergenauigkeit beeinträchtigt. Zum anderen können sich während des Regelungsprozesses aufgrund dieser nichtlinearen Systemeigenschaft selbsterhaltende Dauerschwingungen bilden, die auch als Grenzzyklen bezeichnet werden [1].

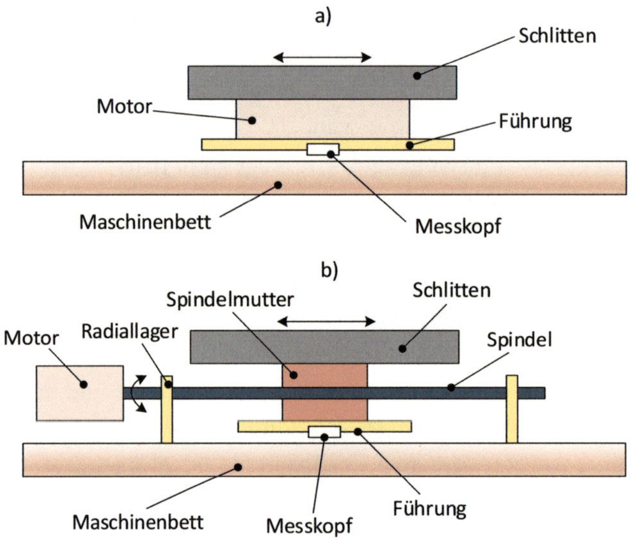

Abbildung 2.1: Prinzipielle Struktur eines a) Lineardirektantriebs und b) indirekten Spindelantriebs

Ein weiterer Vorteil von Lineardirektantrieben ist die schnelle Rückmeldung durch das Positionsmesssystem, welches sich wie der Arbeitsschlitten direkt am Motor befindet. Bei dem konventionellen Spindelantrieb kann der Rotationsmotor nur die Drehung der Welle, aber nicht die Position des Schlittens direkt beeinflussen. Außerdem ermöglicht der Lineardirektantrieb, sofort auf Störungen zu reagieren, da der Ort der Krafterzeugung und Positionsmessung idealerweise direkt zusammenliegen. Allerdings ist aufgrund der fehlenden Untersetzung und der relativ kleinen Trägheitsmasse die Wirkung von Laststörungen auf den Schlitten deutlich größer als bei Spindelantrieben. Die Trägheitsmasse von Spindel und Motor begrenzen auch das Beschleunigungsvermögen. Mit zunehmender Last wächst die Trägheitsmasse bei Lineardirektantrieben allerdings verhältnismäßig mehr als bei Spindelantrieben, sodass schon ab der doppelten Fremdmasse die normierte Beschleunigung unter der eines Spindelantriebs fallen kann [23]. Des Weiteren sind wegen der fehlenden Untersetzung bei Lineardirektantrieben hohe Leistungsdichten und damit Ströme zur Erzeugung einer äquivalenten Kraft notwendig, was unter Umständen eine Kühlung erforderlich macht. Trotz des Fehlens eines Umsetzungsgetriebes ist deshalb die Verlustleistung eines Lineardirektantriebes größer [69] – zumal der Motor des Spindelantriebs in einem für den Wirkungsgrad optimalen Drehzahlband betrieben wird. Zum Vergleich werden die wichtigsten Eigenschaften von Lineardirektantrieben und Spindelantrieben in Tabelle 2.1 bewertet.

Tabelle 2.1: Vergleich von Lineardirektantrieb und Spindelantrieb

positiv (+), neutral (o), negativ (−)	**Lineardirektantrieb**	**Spindelantrieb**
Kosten	−	o
Lebensdauer/Verschleiß	+	−
Bewegungsdynamik	+	o
Kraftdichte	o	+
Störempfindlichkeit	−	+
Reglerentwurf	+	−

Zusammenfassend kann gesagt werden, dass indirekte Linearantriebe, insbesondere der Spindelantrieb, für herkömmliche Bewegungsaufgaben eine gute und kostengünstige Lösung darstellen. Für Anwendungen mit hohen Anforderungen an die Positioniergenauigkeit und -dynamik sind jedoch aufgrund des Vorhandenseins von Umsetzungsgetrieben Grenzen gesetzt. Lineardirektantriebe werden daher für Präzisionsanwendungen bevorzugt eingesetzt [135].

2.1.2 Klassifikation

Eine Klassifikation dient dazu, einen Gesamtüberblick über die verschiedenen Lineardirektantriebe zu erhalten. Sie können als aufgetrennte und abgerollte rotatorische Motoren betrachtet werden. In Analogie dazu wird die aktive, stromerzeugende Komponente als Primärteil bezeichnet. Das Sekundärteil stellt dann entsprechend die passive Komponente dar, die allerdings auch strombetrieben sein kann, wie es beispielsweise bei dem Asynchronmotor der Fall ist. Sowohl Primär- als auch Sekundärteil können als sich bewegende Masse (Läufer) ausgeführt werden. Dementsprechend ergibt sich die Art der ortsfesten Komponente (Stator) und eine Kategorisierung [23, 119]. Bei Langstatormotoren ist das bestromte Primärteil als Stator ausgeführt und damit länger als das bewegte Sekundärteil (Läufer). Nachteilig bei dieser Aufbauform ist, dass dauerhaft der gesamte Stator mit elektrischer Energie versorgt werden muss und somit eine relativ hohe Verlustleistung existiert. Als Beispiel soll hier der Transrapid angeführt werden, bei dem ein wanderndes Magnetfeld in den Schienen das Fahrzeug „mitzieht". Bei Kurzstatormotoren ist der Stator passiv und das bewegte Primärteil wird bestromt, was eine Kabelmitführung notwendig macht. Diese Aufbauform ist aufgrund der insgesamt überwiegenden Vorteile gegenüber Langstatormotoren am häufigsten im industriellen Umfeld vorzufinden [70].

Weitere Kategorisierungen sind in [62] aufgelistet und betreffen u.a. die Felderregung, Kommutierungsart und Ausführung der Spule. Da das Funktionsprinzip die wesentlichen Eigenschaften eines Lineardirektantriebs bestimmt, soll der Fokus der nachfolgenden Beschreibung grundlegender Bauarten darauf gerichtet sein.

Lineare Asynchronmotoren

Lineare Asynchronmotoren sind dadurch gekennzeichnet, dass im aktiven Primärteil mithilfe von mehreren Phasen ein sich örtlich und zeitlich änderndes Magnetfeld erzeugt wird. Das passive Sekundärteil enthält neben dem Eisenrückschluss einen Kurzschlusskäfig, in welchen Wirbelströme induziert werden. Als Folge entsteht ein Magnetfeld, das äquivalent zu Synchronmotoren das Erregerfeld darstellt. Dieses Funktionsprinzip ermöglicht eine kostengünstige Produktion. Ein Nachteil bei linearen Asynchronmotoren ist, dass der Luftspalt und Schlupf größer als bei rotatorischen Asynchronmotoren sind. Daraus folgen eine geringere Kraftdichte bzw. ein geringerer Wirkungsgrad [43, 120].

Lineare Synchronmotoren

Lineare Synchronmotoren besitzen wie Asynchronmotoren ein aus Spulen aufgebautes Primärteil. Das passive Sekundärteil ist stromlos und besteht aus Permanentmagneten, wodurch ein dauerhaftes Erregerfeld vorhanden ist. Üblicherweise werden Motoren in Kurzstatorbauweise produziert. Das bedeutet, dass der Stator über die gesamte Verfahrlänge mit Magneten bestückt wird. Dadurch entstehen zwar höhere Kosten, welche sich aber aufgrund der größeren Kraftdichte und der entfallenden Wärmebildung im Stator rechtfertigen. Daher werden in den letzten Dekaden bevorzugt diese Antriebe eingesetzt [110].

Zwei häufig verwendete Varianten mit besonderen Eigenschaften werden in Abbildung 2.2 gezeigt. Bauform a) ist durch die Einbettung der Spulen in Nuten des Eisenmaterials gekennzeichnet. Durch die am Stator mit abwechselnder Polarität angeordneten Permanentmagnete entsteht auch im stromlosen Zustand eine starke vertikale Anziehung zwischen Läufer und Stator. Dieser Umstand muss durch entsprechend lastfähige Lagerungen berücksichtigt werden.

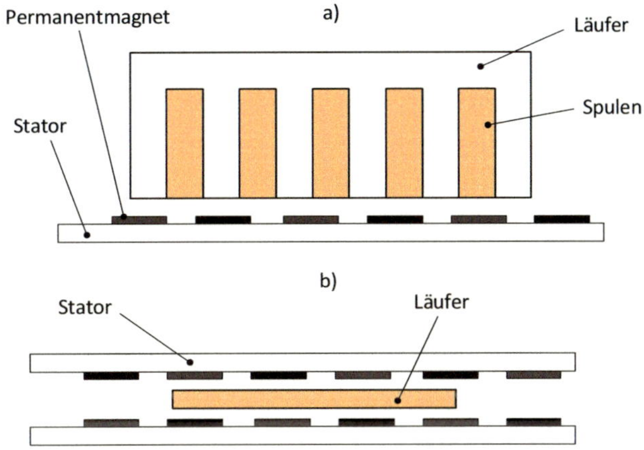

Abbildung 2.2: Bauformen von linearen Synchronmotoren: a) Eisenbehafteter Synchronmotor, b) Eisenloser Doppelkammmotor

Der Läufer von Bauform b) enthält kein flussleitendes Eisen, sodass keine Vertikalkräfte auftreten. Der Vorschub entsteht durch vom Magnetfeld durchsetzte Spulen, welche zu Lorentzkräften führen. Bei dieser Doppelkammausführung sind Permanentmagnetreihen beidseitig zu dem Läufer angeordnet. Für die Lagerung und mittige Zentrierung des Läufers werden häufig Wälzlagerführungen eingesetzt. Darauf kann allerdings auch verzichtet werden, wenn die Lagerkräfte durch magnetische Levitation mit den Spulen des Primärteils erzeugt werden [50]. Dies wird in [116] für einen elektrodynamischen Planarantrieb realisiert. Nachteilig bei dem eisenlosen Motor sind aufgrund der Kraftentstehung die hohen erforderlichen Stromstärken, was zu Wärmeverlusten führt und je nach Bedarf eine Kühlung erforderlich macht. Um die hohen Lagerbelastungen bei Variante a) zu vermeiden, kann wie bei b) eine Ausführung als Doppelkamm zum Einsatz kommen. Die von oben und unten zum Stator wirkenden Anziehungskräfte heben sich dann gegenseitig auf.

Lineare Gleichstrommotoren

Lineare Gleichstrommotoren besitzen ein langgezogenes Spulensystem, welches mit Gleichstrom betrieben wird. Wie bei der rotatorischen Ausführung, erfolgt die mechanische Stromwendung mit Kommutatorbürsten. Der Anwendungsbereich dieser Bauform ist jedoch sehr begrenzt, sodass die Bedeutung von Gleichstromlinearmotoren äußerst gering ist [70]. Ein Vertreter, der wegen des kleinen Bewegungsbereichs ohne Kommutator auskommt, ist der Tauchspulenantrieb. Der auch als Voice-Coil bekannte Antrieb ist aus einer Zylinderspule aufgebaut, welche in einem Topf von einem Magnetfeld radial durchflutet wird. Bei Bestromung der Spule entstehen Lorentzkräfte, die eine Hubbewegung verursachen. Da sich dabei die vom Magnetfeld durchsetzte Windungszahl ändert, kann es zu Variationen der Antriebskraft kommen. Entsprechend seinen Eigenschaften wird dieser Aktor für kurzhubige dynamische Anwendungen, beispielsweise für Festplatten oder Lautsprecher, eingesetzt [45].

Lineare Schrittmotoren

Lineare Schrittmotoren erzeugen ihren Vorschub mithilfe des Reluktanzprinzips, welches wie bei Elektromagneten für eine Reduzierung des magnetischen Widerstands sorgt. Um diesen Effekt auszunutzen, ist es erforderlich, dass Läufer und Stator gezahnte Strukturen aufweisen. Analog zu rotatorischen Antrieben können lineare Schrittmotoren grundsätzlich nach dem Reluktanz-, Permanentmagnet- und Hybridschrittmotorprinzip aufgebaut sein. Da hauptsächlich lineare Reluktanz- und v.a. Hybridschrittmotoren genutzt werden, sollen diese näher erläutert werden [70].

Der grundsätzliche Aufbau eines linearen Reluktanzschrittmotors (LRSM) ist in Abbildung 2.3 a) zu sehen. Bei Bestromung einer Spule kommt es zur magnetischen Durchflutung im Eisenrückschluss. Zusammen mit dem ebenso ferromagnetischen Stator entsteht ein magnetischer Kreis, der einen minimalen magnetischen Widerstands anstrebt. Daher bewegt sich der Läufer immer in eine bestimmte Position, sodass sich die Zähne des Eisenkrückschlusses und des Stators direkt gegenüberstehen. Sind mindestens drei Spulen zueinander versetzt angeordnet, kann durch deren aufeinander folgende Bestromung der Läufer in eine gezielte Richtung bewegt werden.

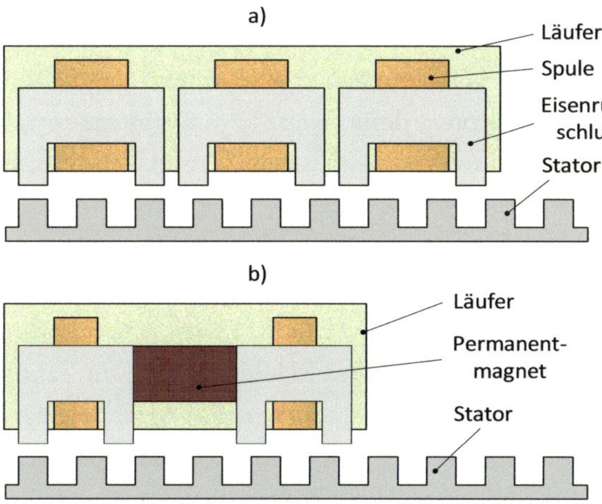

Abbildung 2.3: Bauformen von Linearschrittmotoren: a) Reluktanzschrittmotor, b) Hybridschrittmotor

Einen Sonderfall der Kurzstatorbauweise stellen lineare Hybridschrittmotoren (LHSM) dar, da im Primärteil (Läufer) sowohl Spulen als auch Permanentmagnete verbaut sind (siehe Abbildung 2.3 b)). Durch Zuschalten der Spulen kann der permanentmagnetische Fluss verstärkt und geschwächt werden, wodurch für jeden Eisenkreis, anders als beim LRSM, eine Vorzugsrichtung aufgeprägt werden kann. Aufgrund dieser Tatsache sind auch nur mindestens zwei Eisenkreise notwendig, um in eine bestimmte Richtung fahren zu können. Für diesen Zweck werden die Spulen abwechselnd und mit sich ändernden Stromrichtungen angesteuert. Da im Vergleich zu linearen Synchronmotoren weniger Magnete verbaut werden müssen, sinken die Kosten bei gleichzeitig hoher Kraftdichte. Um eine bestimmte Position zu halten, ist wegen der auftretenden Rastkräfte der Strombedarf größer als bei den LRSM [70]. Wegen der starken Anziehungskräfte werden bei LHSM vorzugsweise Luftlager eingesetzt [123]. Genutzt wird diese Technologie auch für den Planarantrieb, dessen Läufer und Stator aus orthogonal zueinander verlaufenden Nuten bzw. Zähnen bestehen. Damit sind folglich laterale Bewegungen in der Ebene möglich.

Konstruktionsbedingt sind Schrittmotoren darauf ausgelegt, Bewegungsaufgaben auszuführen und nur diskrete Positionen anzufahren. Mit einer Ansteuerung der Spulen (Kommutierung), die den Strom kontinuierlich und synchron zur Bewegung anpasst, kann auch ein positionsgeregelter Betrieb erfolgen.

2.2 Krafterzeugung bei elektrischen Maschinen

Grundsätzlich ist die Art der Krafterzeugung eine weitere Möglichkeit Lineardirektantriebe zu klassifizieren. Aktuatoren, deren Kraft bzw. Momentenerzeugung ein magnetisches Feld bedingen, werden in elektrodynamische und elektromagnetische Wandler eingeteilt [52]. Das Funktionsprinzip elektrodynamischer Wandler beruht auf Lorentzkräften, die auf einen vom Magnetfeld durchsetzten Leiter entstehen. Bei elektromagnetischen Wandlern wirken Reluktanzkräfte zwischen ferromagnetischen Körpern, die eine Verringerung des magnetischen Widerstands erzwingen. So sind Lorentzkräfte für den Antrieb von Gleichstrommotoren und Reluktanzkräfte für Schrittmotoren verantwortlich. Es gibt jedoch Anordnungen, beispielsweise nahe beieinander liegende Permanentmagneten, bei denen weder die eine noch die andere charakteristische Kraft zuordenbar ist. Mit den Faraday-Maxwellschen Flächenspannungen existiert ein allgemeiner Ansatz, mit dem Kräfte auf sich im Magnetfeld befindliche Körper berechnet werden können. Lorentz- als auch Reluktanzkräfte sind damit auf eine gemeinsame mathematische Basis rückführbar. Dieser Sachverhalt soll daher in diesem Abschnitt näher erörtert werden.

2.2.1 Faraday-Maxwellsche Flächenspannungen

In der Mechanik ist die Berechnung einer Kraft **F** im dreidimensionalen Raum eine wesentliche Aufgabe. Ein allgemeiner theoretischer Ansatz bedient sich der Kraftdichte **f**, welche in einem bestimmten Volumen integriert werden muss:

$$\mathbf{F} = \iiint_V \mathbf{f} \cdot dV . \tag{2.1}$$

Nach Faraday kann äquivalent die Integration von Oberflächenspannungen über eine den Raum umhüllenden Fläche erfolgen:

$$\mathbf{F} = \oiint_A \boldsymbol{\sigma} \cdot \mathbf{dA} . \tag{2.2}$$

Dabei wird jedem Oberflächenelement ein Spannungstensor $\boldsymbol{\sigma}$ zugewiesen. Ein vom Magnetfeld durchfluteter Raum, welcher durch ein Medium mit der Permeabilität μ gekennzeichnet ist, wird durch den Maxwellschen Spannungstensor beschrieben:

$$\boldsymbol{\sigma} = \begin{bmatrix} \sigma_{xx} & \sigma_{xy} & \sigma_{xz} \\ \sigma_{yx} & \sigma_{yy} & \sigma_{yz} \\ \sigma_{zx} & \sigma_{zy} & \sigma_{zz} \end{bmatrix} = \begin{bmatrix} \mu H_x^2 - \dfrac{\mu H^2}{2} & \mu H_x H_y & \mu H_x H_z \\ \mu H_y H_x & \mu H_y^2 - \dfrac{\mu H^2}{2} & \mu H_y H_z \\ \mu H_z H_x & \mu H_z H_y & \mu H_z^2 - \dfrac{\mu H^2}{2} \end{bmatrix}. \quad (2.3)$$

Der Spannungstensor besteht für jede Raumrichtung aus einer Zug- und zwei Schubspannungen; demzufolge aus neun Komponenten und ist für ein infinitesimales Oberflächenelement in Abbildung 2.4 b) dargestellt. Der Tensor wird maßgeblich durch die magnetische Feldstärke

$$\mathbf{H} = \begin{pmatrix} H_x(x,y,z) \\ H_y(x,y,z) \\ H_z(x,y,z) \end{pmatrix}$$

bestimmt, die an einem Oberflächenpunkt vorliegt.

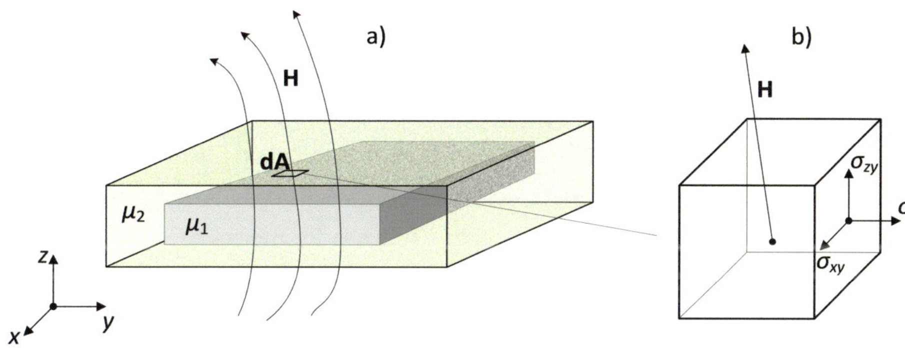

Abbildung 2.4: a) Kraftberechnung auf einen Körper mithilfe einer virtuellen Hüllfläche b) Detail eines Oberflächenelementes und Komponenten des Spanungstensors in y-Richtung

Zur Berechnung der im Schwerpunkt angreifenden Kraft auf einen Körper nach Gleichung (2.2) muss dieser von einer Hüllfläche komplett umschlossen sein. Abbildung 2.4 a) soll diesen Sachverhalt anhand eines im Magnetfeld befindlichen Körpers mit der

Permeabilitätszahl μ_1 verdeutlichen. Dabei ist zu beachten, dass die in Gleichung (2.3) vorkommende Permeabilitätszahl dem Medium entspricht, in welchem sich die Hüllfläche befindet (in diesem Fall μ_2). Unter der Bedingung, dass $\mu_1 \rightarrow \infty$, was für ferromagnetische angenommen werden kann, ist es sogar möglich mit den Komponenten des Maxwellschen Spannungstensors die Oberflächenspannungen zu bestimmen [20].

Nachfolgend sollen die Lorentz- als auch Reluktanzkraft anhand von eindeutig zuordenbaren Problemen erläutert werden. Dabei wird der Maxwellansatz angewendet, um dessen Allgemeingültigkeit zu belegen.

2.2.2 Lorentzkraft

Die Lorentzkraft tritt auf, wenn sich eine Ladung Q innerhalb eines Magnetfeldes der Flussdichte **B** mit der Geschwindigkeit **v** bewegt. Zur Bestimmung dieser nach dem klassischen Ansatz

$$\mathbf{F} = Q \cdot (\mathbf{v} \times \mathbf{B}) \tag{2.4}$$

ist entscheidend, in welchem Winkel das Magnetfeld auf die Bewegungsrichtung der Ladungen wirkt. Für einen Leiter der Länge l_L und senkrecht zum Querschnitt auftretendem Magnetfeld wird das Kreuzprodukt von (2.4) zu einer gewöhnlichen Multiplikation und mit der Dreifinger-Regel kann dann die Wirkungsrichtung der Lorentzkraft ermittelt werden. Entsprechend dem gezeigten Beispiel in Abbildung 2.5 bedeutet dies eine nach links gerichtete Kraft:

$$\begin{aligned} F &= -B \cdot I \cdot l_L \\ \text{mit } B &= \mu H_0 = \mu_r \mu_0 H_0 \approx \mu_0 H_0 . \end{aligned} \tag{2.5}$$

Die Anwendung des Maxwellansatzes erfordert zunächst das Aufstellen des Spannungstensors. Bei homogener Verteilung des äußeren Magnetfeldes in Leiterrichtung und nicht vorhandener z-Komponente entsteht ein zweidimensionales Problem und (2.3) vereinfacht sich zu

$$\boldsymbol{\sigma} = \begin{bmatrix} \mu H_x^2 - \dfrac{\mu H^2}{2} & \mu H_x H_y \\ \mu H_y H_x & \mu H_y^2 - \dfrac{\mu H^2}{2} \end{bmatrix}. \tag{2.6}$$

Aufgrund der Gestalt des Leiters wird eine zylindrische Hüllfläche in einem willkürlichen Abstand r_H zum Leiter gelegt, wie sie in Abbildung 2.5 b) zu sehen ist. Die beiden Stirnflächen können aufgrund der gemachten Vereinfachung vernachlässigt werden.

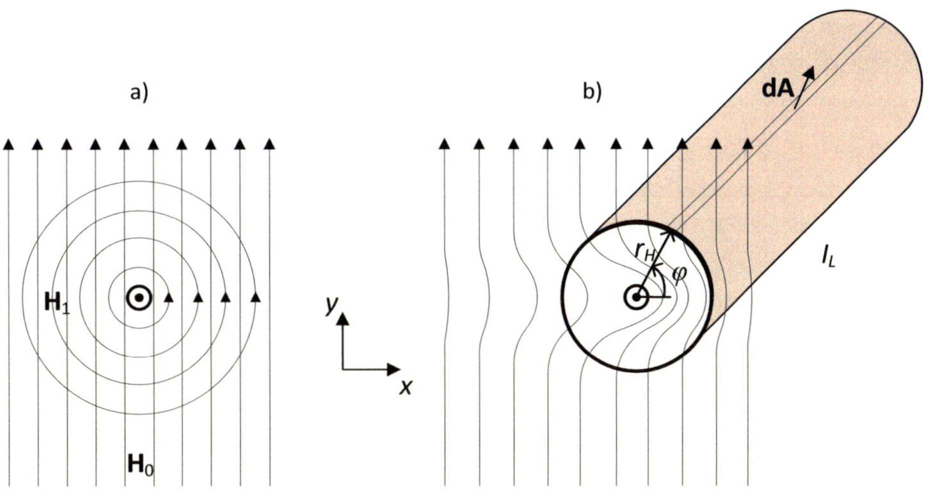

Abbildung 2.5: a) Äußeres Magnetfeld $\mathbf{H}_0$ auf einen stromdurchflossenen Leiter, der seinerseits das Magnetfeld $\mathbf{H}_1$ erzeugt
b) Resultierendes Magnetfeld und zylindrische Hüllfläche mit dem Radius r_H

Für die Formulierung des Faraday-Maxwellschen Spannungstensors ist die magnetische Feldstärke auf der Hüllfläche relevant. Diese ergibt sich aus der Summe der äußeren parallelen Magnetfeldstärke $\mathbf{H}_0$ und der kreiszylindrischen Magnetfeldstärke $\mathbf{H}_1$ des Leiters. Das äußere Magnetfeld hat nur eine Vertikalkomponente und die Komponenten von $\mathbf{H}_1$ sind in Abhängigkeit der Winkeldrehung φ zu bestimmen:

$$\begin{aligned} H_x &= H_{0x} + H_{1x} = 0 + H_{1x}(\varphi) \\ H_y &= H_{0y} + H_{1y} = H_0 + H_{1y}(\varphi)\,. \end{aligned} \tag{2.7}$$

Damit liegt die Feldstärke für ein beliebiges infinitesimales Oberflächenelement

$$\mathbf{dA} = d\varphi \cdot l_L \cdot \begin{pmatrix} \cos\varphi \\ \sin\varphi \end{pmatrix} \tag{2.8}$$

vor. Anschließend kann mit $H = \sqrt{H_x^2 + H_y^2}$ und Gleichung (2.7) eingesetzt in (2.6) die Integration über die gesamte kreiszylindrische Hüllfläche ausgeführt werden, um die Kraft

$$\mathbf{F} = \oiint_A \boldsymbol{\sigma} \cdot \mathbf{dA} = \begin{pmatrix} F_x \\ F_y \end{pmatrix} = \begin{pmatrix} -B_0 \cdot I \cdot l_L \\ 0 \end{pmatrix} \tag{2.9}$$

nach Gleichung (2.2) zu berechnen. Der komplette Lösungsweg ist in [19, S. 28 f] ausführlich dargestellt. Das Ergebnis entspricht einer nach links gerichteten Kraft und ist äquivalent zur Standardformel (2.5).

Kennzeichnend für das resultierende Feldlinienbild ist die Asymmetrie um den Leiter, welche in einer anderen Betrachtungsweise als Ursache für die Kraft gesehen werden kann. Veranschaulicht man sich in einem Gedankenexperiment die Feldlinien als Gummibänder, so üben diese einen nach links gerichteten Zug aus, um in einen entspannteren Zustand zu kommen [18].

2.2.3 Reluktanzkraft

Reluktanzkräfte entstehen in magnetischen Kreisen, um eine Verringerung des magnetischen Widerstandes, der Reluktanz, zu erzwingen. Der zur Herleitung verwendete Energieansatz offenbart einen direkten Zusammenhang mit dem ortsbezogenen Gradienten des inversen magnetischen Widerstandes R_m [123]:

$$F = \frac{dW}{dx} = \frac{1}{2}\frac{d(L \cdot i^2)}{dx} = \frac{1}{2} w^2 i^2 \frac{d}{dx}\left(\frac{1}{R_m}\right)$$

$$\text{mit } L = \frac{w^2}{R_m} \tag{2.10}$$

L: Induktivität

w: Windungszahl.

Eine andere Darstellungsform von Gleichung (2.10) lautet [77]:

$$F = \frac{1}{2}\frac{B^2 A}{\mu}. \tag{2.11}$$

Die Kraftwirkung bezieht sich auf ferromagnetische Körper mit senkrecht aus der Oberfläche A austretenden Magnetfeldern der Flussdichte B. Die Gleichung (2.11) wird auch als Maxwellsche Zugkraftformel bezeichnet, was darauf hindeutet, dass der Maxwellansatz zu demselben Ergebnis führt.

An dem Beispiel eines unterbrochenen Eisenjochs, in welchem sich mittig zu den Rändern ein ferromagnetischer quaderförmiger Körper der Höhe h_Q und der Länge l_Q befindet (siehe Abbildung 2.6), soll dies belegt werden. Eine notwendige Bedingung ist die mittige Lage des Körpers in Längsrichtung. Bei geringsten Abweichungen davon würde der Körper aus diesem labilen Zustand an eine Fläche des Jochs gezogen werden.

Da viele elektrische Maschinen durch einen genuteten Aufbau gekennzeichnet sind, ist die praktische Relevanz von Reluktanzkräften sehr groß.

Bei dem zu betrachtenden Beispiel handelt sich wiederum um ein zweidimensionales Problem, wodurch sich der Tensor (2.3) auf die Dimension 2 x 2 reduziert. Wird die magnetische Feldstärke durch die Flussdichte ersetzt, ergibt sich für den Spannungstensor

$$\boldsymbol{\sigma} = \begin{bmatrix} \frac{B_x^2}{2\mu} - \frac{B_y^2}{2\mu} & \frac{B_x B_y}{\mu} \\ \frac{B_y B_x}{\mu} & \frac{B_y^2}{2\mu} - \frac{B_x^2}{2\mu} \end{bmatrix}. \tag{2.12}$$

Die Hüllfläche ist in diesem Fall deckungsgleich mit der Körperoberfläche, sodass bei Vernachlässigung der Stirnflächen vier zu betrachtende Teilflächen entstehen. Zur Vereinfachung kann die Permeabilität von Luft μ_2 mit der magnetischen Feldkonstante μ_0 ersetzt werden, da $\mu_2 \approx \mu_0$ gilt.

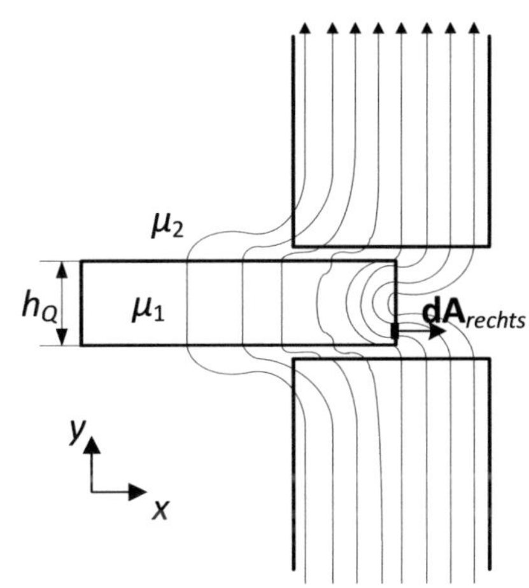

Abbildung 2.6: Reluktanzkraft in Querrichtung auf einen ferromagnetischen Körper

Die Kraft in vertikaler Richtung ergibt sich aus der Summe der oberen und unteren Oberflächenkraft. An beiden Teilflächen treten nur Normalkomponenten des magnetischen Flusses gleichen Betrags auf. Da zusätzlich aufgrund der Richtungswechsel

$$\mathbf{dA}_{oben} = \begin{pmatrix} 0 \\ l_Q \cdot dx \end{pmatrix} = -\mathbf{dA}_{unten} \tag{2.13}$$

gilt, heben sich die Oberflächenkräfte unter Verwendung von Gleichung (2.2) auf:

$$\begin{aligned} F_y &= F_{oben} + F_{unten} \\ &= \int \begin{bmatrix} -\frac{B_y^2}{2\mu_0} & 0 \\ 0 & \frac{B_y^2}{2\mu_0} \end{bmatrix} \cdot \begin{pmatrix} 0 \\ l_Q \cdot dx \end{pmatrix} + \int \begin{bmatrix} -\frac{B_y^2}{2\mu_0} & 0 \\ 0 & \frac{B_y^2}{2\mu_0} \end{bmatrix} \cdot \begin{pmatrix} 0 \\ -l_Q \cdot dx \end{pmatrix} = 0. \end{aligned} \tag{2.14}$$

Analog ergibt sich die Horizontalkraft aus der Summe der linken und rechten Seitenfläche. An der linken Seitenfläche existieren in der dargestellten Momentaufnahme keine Magnetflüsse, sodass nur die rechte Fläche für die Horizontalkraft entscheidend ist. Da es wiederum nur senkrecht zur Seitenfläche austretende Magnetfelder gibt, vereinfacht sich der Spannungstensor und die Horizontalkraft kann wie folgt berechnet werden:

$$\begin{aligned} F_x &= F_{links} + F_{rechts} \\ &= 0 + \int \begin{bmatrix} \frac{B_x^2}{2\mu_0} & 0 \\ 0 & -\frac{B_x^2}{2\mu_0} \end{bmatrix} \cdot \begin{pmatrix} l_Q \cdot dy \\ 0 \end{pmatrix} = \int_0^{h_Q} \frac{B_x^2}{2\mu} l_Q \cdot dy. \end{aligned} \tag{2.15}$$

Bei homogener Verteilung des Magnetflusses, d.h. $B_x(y) = konst$, vereinfacht sich die Integration und schließlich erhält man die Maxwellsche Zugkraftformel für den gezeigten Anwendungsfall:

$$F_x = \frac{B_x^2}{2\mu_0} l_Q \cdot h_Q = \frac{B_x^2}{2\mu_0} A_{Q,rechts}. \tag{2.16}$$

Im Augenblick der Krafterzeugung ist, wie bei dem vorhergehenden Beispiel (siehe Abbildung 2.5), ein asymmetrischer Feldlinienverlauf zu sehen. Dieses Charakteristikum wird auch in [59] als wesentliches Kriterium zur Kraftentstehung hervorgehoben. Die dargestellte Rückführbarkeit von Lorentz- und Reluktanzkraft zeigen, dass Kräfte in elektrischen Maschinen allgemein mit dem Maxwellansatz berechnet werden können. Dieses Verständnis ist wichtig, da es auch Probleme gibt, bei denen keine eindeutige Zuordnung zu den beiden klassischen Kräften möglich ist.

Der Ausschnitt einer Gleichstrommaschine (siehe Abbildung 2.7) soll einen solchen Fall verdeutlichen. Hier wird der Erregerfluss elektrisch im Statorschenkel erzeugt. Der Flussweg im Rotor verläuft entlang der hochpermeablen Zähne. Damit erfahren die in den Nuten befindlichen Spulen in radialer Richtung nur eine sehr geringe Durchflutung, was das Wirken von Lorentzkräften in Tangentialrichtung ausschließt. Aufgrund der glatten Oberfläche des Statorschenkels kann ebenso wenig die Reluktanzkraft als Kraftursache gesehen werden. Diese entsteht zwar an den Schenkelseiten und erzeugt eine periodische Rastkraft, jedoch keine gerichtete Kraft, die zum Antreiben des Rotors dient. Erst die Bestromung der Rotorspulen führt zu einem asymmetrischen Feldlinienverlauf entlang der Zähne. Dadurch entstehen seitlich aus den Zahnflanken austretende Magnetfelder, die an der rechten Seite stärker als auf der linken Seite sind. Dies führt schließlich zu Tangentialkraftbeiträgen der einzelnen Zähne und somit ergibt sich insgesamt ein Drehmoment auf den Rotor in Uhrzeigerrichtung. Mit dem Maxwellansatz lassen sich auch komplexe Probleme wie in Abbildung 2.7 lösen. Dazu stehen verschiedene Simulationsprogramme zur Verfügung [14].

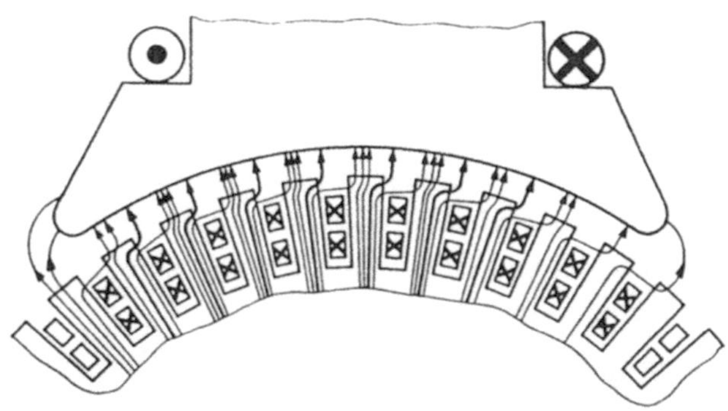

Abbildung 2.7: Entstehung von Tangentialkräften an einer rotierenden Gleichstrommaschine [90]

2.3 Modellbildung elektrischer Maschinen

In diesem Abschnitt soll ein Überblick über die Methoden zur Modellbildung elektrischer Maschinen gegeben werden. Diese sind als mechatronische Systeme mit domänenübergreifenden Wechselwirkungen gekennzeichnet.

Grundsätzlich können dynamische Systeme mithilfe von Differentialgleichungen (DGLn) mathematisch formuliert werden, die eine analytische Lösung ermöglichen. Zur Modellbildung mechanischer Systeme werden am häufigsten die Methode von Lagrange und die Newtonschen Axiome angewendet. Einfache elektrotechnische Probleme lassen sich mithilfe der Kirchhoffschen Gesetze erfassen. Der Elektromotor wird bei der Modellbildung üblicherweise als elektromechanischer Wandler aufgeführt [52]. Dessen dynamisches Verhalten kann dann durch entsprechende DGLn auf elektrischer und mechanischer Seite beschrieben werden. Diese können dann weiter zu einer frequenzabhängigen Übertragungsfunktion oder in eine Zustandsraumdarstellung überführt werden. Diese Darstellungsformen sind besonders hinsichtlich des steuerungs- und regelungstechnischen Entwurfs vorteilhaft.

Für eine detaillierte Modellierung von elektrischen Maschinen als mechatronisches System unter Berücksichtigung mehrerer physikalischer Domänen eignet sich besonders die Netzwerktheorie [12]. Die Grundlage dafür ist das Aufstellen von Analogiebeziehungen zum klassischen elektrischen Netzwerk mit den grundlegenden linearen Bauelementen Quelle, Widerstand, Induktivität und Kapazität. Eine Übertragung bzw. domänenübergreifender Austausch von Energie wird durch Wandlerelemente gewährleistet. Zur Veranschaulichung soll auf Abbildung 2.8 verwiesen werden. Hier ist ein erweitertes Netzwerkmodell einer elektrischen Maschine mit den dazugehörigen Wandlungen dargestellt. Exemplarisch für den Übergang von der magnetischen zur mechanischen Domäne ist die aus dem Abschnitt 2.2.3 bekannte Maxwellsche Zugkraftformel angegeben. Außerdem werden hier die Wicklungsverluste berücksichtigt, die für einen Wärmeeintrag auf die umliegenden Bauteile sorgen. Letztendlich können aus dem Netzwerkmodell wiederum DGLn abgeleitet oder mithilfe von Software direkt für eine numerische Simulation verwendet werden.

Ein Nachteil dieser Methodik ist, dass Bauelemente nur lokale Gültigkeit besitzen. Daher kann das Netzwerk mit mehr Elementen erweitert werden, sodass ortsabhängige Eigenschaften berücksichtigt werden. [125] zeigt diese Vorgehensweise für einen rotatorischen HSM, um eine ausreichende Granularität entlang des magnetischen Flussweges zu erhalten.

Die Berechnung von kontinuierlich örtlich verteilten Zuständen erfordert die Zuhilfenahme von numerischen Methoden. Die Finite-Elemente-Methode (FEM) ist unter diesen die bekannteste und besitzt ein großes Anwendungsspektrum. Die Grundidee besteht darin, das zu untersuchende räumliche Problem in endlich kleine Elemente zu zerlegen, welche ein Volumennetz bilden (siehe Abbildung 2.9). Die Elemente sind durch Knoten charakterisiert, denen ein Potential zugewiesen wird. Für ein finites Element wird eine Ansatzfunktion gewählt, sodass ein Gleichungssystem entsteht, dessen Lösung die Knotenpotenziale ergibt [90]. Ursprünglich wurde die FE-Methode für strukturmechanische Probleme eingesetzt. Darauf folgte eine Anwendung auf weitere physikalische Domänen, wie Wärmeleitung, Strömungsmechanik und elektromagnetische Felder u.a. [68]. Die Möglichkeiten der Berechnung und Visualisierung sind in den letzten Jahrzehnten mit dem Fortschritt der Rechentechnik gewachsen.

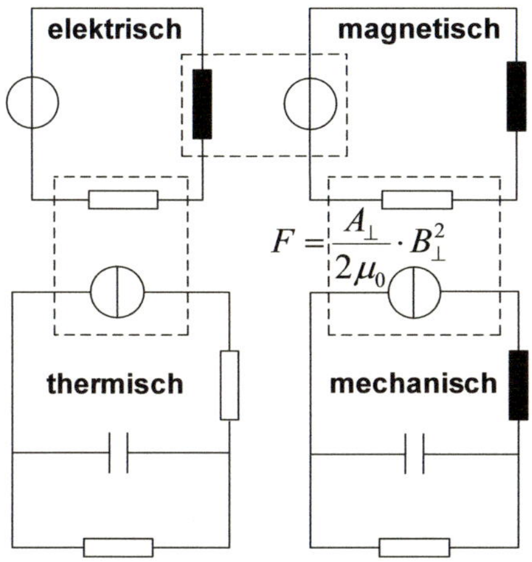

Abbildung 2.8: Domänenübergreifendes Netzwerkmodell

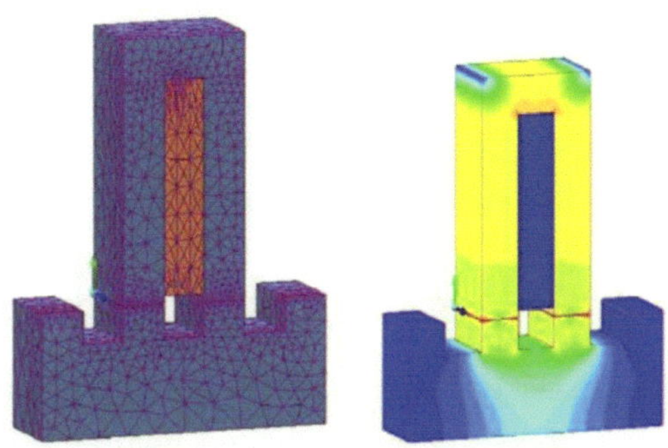

Abbildung 2.9: FEM-Netz und Flussdichteverteilung eines linearen Schrittmotors [37]

Auch die Verkopplung der einzelnen Domänen zu multiphysikalischen Problemen ist mittlerweile möglich. Der Aufwand erhöht sich allerdings deutlich bei dynamischen Simulationen [90]. Denn hier müssen zusätzliche Effekte, wie beispielsweise Wirbelströme, mitbetrachtet werden [65]. Des Weiteren ist das exakte Hystereseverhalten ferromagnetischer Materialien nur schwer nachzubilden [9]. In [118] wird für eine rotierende elektrische Maschine ein multiphysikalisches Modell entwickelt, bei welchem nacheinander eine elektromagnetische Feldberechnung, eine mechanische Verformungsberechnung und abschließend eine akustische Simulation durchgeführt werden. Der akustischen Simulation liegt ein Randelemente-Modell (BEM-Modell) zu Grunde, mit welchem die Schallintensität auf einer definierten dem Motor umgebenden Oberfläche berechnet wird. Diese Werkzeugkette kann bei der Produktentwicklung zum Optimieren des akustischen Verhaltens sehr hilfreich sein.

2.4 Schwingungen und Geräusche

Die allgemeine Funktion elektrischer Maschinen ist das Erzeugen von Kräften bzw. Momenten (siehe Abschnitt 2.2) zum Ausführen von Bewegungen. Die dabei erzeugten Geräusche sind Nebeneffekte und bei den meisten industriellen Anwendungen sekundäre Auswahlkriterien. Befinden sich elektrische Antriebe in der Arbeitsumgebung des Menschen, sind allerdings bezüglich Lärmemission bestimmte Grenzwerte einzuhalten. Nichtsdestotrotz spielt die Art und Intensität von Geräuschen, v.a. bei Haushaltsanwendungen, für den Erfolg eines Produktes zunehmend eine entscheidende Rolle [17]. In diesem Abschnitt sollen Ursachen der Entstehung von Geräuschen bei elektrischen Antrieben erläutert und zugleich Möglichkeiten zur Lärmreduktion aufgezeigt werden.

2.4.1 Entstehung und Ausbreitung von Schall

Die Ursache von Geräuschen sind mechanische Schwingungen, bei denen abwechselnd kinetische in potentielle Energie und umgekehrt umgewandelt werden. Das bedeutet auch, dass es mindestens zwei verschiedene Energiespeicher gibt. In der Mechanik sind das Massen als Speicher kinetischer und Elastizitäten als Speicher potentieller Energie. Die Ausbreitung der Schwingungen innerhalb von festen Medien wird als Körperschall bezeichnet, in Flüssigkeiten als Fluidschall und in Gasen als Luftschall.

Die Entstehung von Schall und dessen Wirkungsweg soll an dem Beispiel einer vereinfachten elektrischen Maschine in Abbildung 2.10 genauer erläutert werden. Die innerhalb des Motors erzeugte Schwingung breitet sich als Körperschall auf mechanisch verbundene Teile (beispielsweise Lager) aus. Von dort werden die Schwingungen auf das Gehäuse und von dessen Oberfläche in das Umgebungsmedium übertragen. Parallel dazu wird das innere Umgebungsmedium direkt vom Motor angeregt. Dieses transportiert die Energie an das Gehäuse, und es entsteht ein zusätzlicher Beitrag zur Schallabstrahlung.

Neben dem Wirkungsweg haben die Kopplungen und deren Eigenschaften Einfluss auf die Geräuschbildung. In Abbildung 2.11 soll dieser Sachverhalt anhand eines Zweimassenschwingers dargestellt werden. Dabei wird die Schwingung von einer angeregten Motormasse m_0 mit der Schwingungsamplitude $\hat{x}_0$ auf die Gehäusemasse m_1 übertragen. Die Vermittlung der Kräfte erfolgt über die Steifigkeit c und die Dämpfung d. Die am Gehäuse entstehenden Schwingungen, die durch $x_1(t)$ charakterisiert sind, bestimmen die Luftschallintensität.

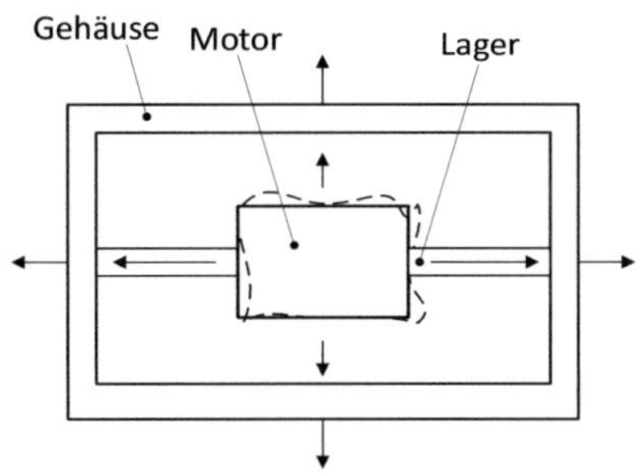

Abbildung 2.10: Wirkungswege des Schalls

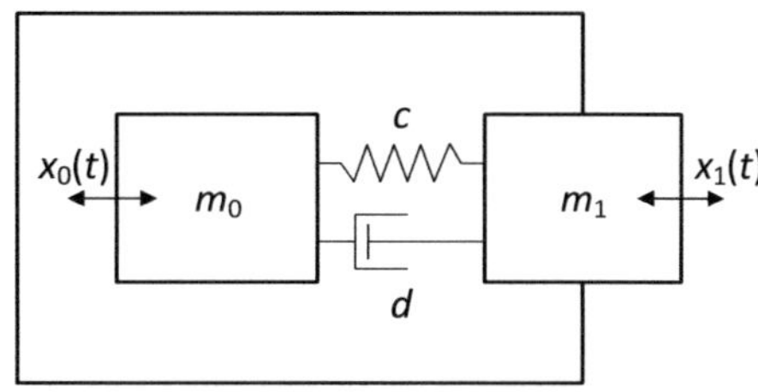

Abbildung 2.11: Physikalische Analyse der Schallentstehung

Um die Abhängigkeit der Gehäuseschwingung darzustellen, können DGLn aufgestellt werden [17, S.52 ff]. Bei deren Betrachtung ist eine direkte Proportionalität von der Auslenkungsamplitude $\hat{x}_1$ zur Dämpfung d zu erkennen. Hinsichtlich einer geringeren Schallabstrahlung sollte folglich die Dämpfung möglichst klein sein. Mit der Vorgabe $d = 0$ wird anschließend das von der Kreisfrequenz ω abhängige Übertragungsverhalten des Zweimassenschwingers aufgestellt:

$$\frac{\hat{x}_1}{\hat{x}_0} = \frac{1}{1 - \left(\frac{\omega}{\omega_{e0}} \right)^2} . \tag{2.17}$$

Dieses Verhältnis sollte möglichst klein sein und daher der Nenner möglichst groß werden. Durch eine hohe Eigenkreisfrequenz ω_{e0} kann im Idealfall nur der Nennerwert 1 erreicht werden, aber bei einer hohen Frequenzbandbreite sogar deutlich darunterliegen, sodass diese Maßnahme auszuschließen ist. Wenn umgekehrt die Resonanzstelle ω_{e0} bei niedriger Frequenz durchschritten wird, dann bleibt auch die betragsmäßige Verstärkung der Übertragungsfunktion (2.17) sehr klein. Da

$$\omega_{e0}^2 = \frac{c}{m_1} \tag{2.18}$$

gilt, sollte zur Minderung eine große Gehäusemasse m_1 verwendet werden. Zusätzlich ist eine weiche Einbettung der schwingenden Motormasse anzustreben.

Neben den mechanischen Kopplungen, ist jedes Bauteil aufgrund seiner endlichen Steifigkeit selbst ein schwingungsfähiges System. Dieses ist durch Verschiebungen und

Verdrehungen gekennzeichnet, welche dynamisch auftreten und zu Kontinuumsschwingungen führen. Die Art der Schwingung wird von der geometrischen Struktur und den Werkstoffeigenschaften bestimmt. Wenn es dabei zu Anregungen mit einer bestimmten Eigenfrequenz kommt, entstehen spezielle Bauteilverformungen, die als Eigenform oder Eigenmode bezeichnet werden. In der Abbildung 2.12 sind die ersten drei Eigenmoden eines lagerlosen Biegebalkens mit freien Enden dargestellt [30]. Abhängig von dem anregenden Frequenzspektrum überlagern sich diese in der Realität mit unterschiedlicher Gewichtung und strahlen so Schall in die Umgebung ab.

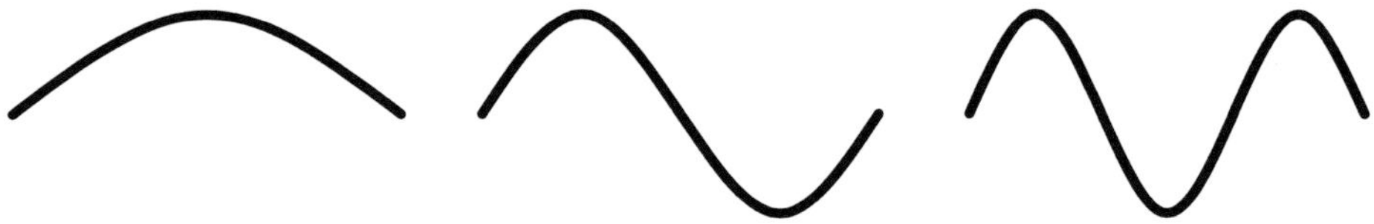

Abbildung 2.12: Erste drei Eigenmoden eines freien Biegebalkens

2.4.2 Grundlagen der Akustik

Im vorherigen Abschnitt wurde beschrieben, wie Schall an einer Schwingungsquelle entsteht. Am Ende des Wirkungsweges ist der Mensch dazu in der Lage, den Schall mit seinem haptischen Tastsinn oder dem akustischen Hörsinn wahrzunehmen. Der Tastsinn ist nur bei Festkörpern sinnvoll einsetzbar, sodass dieser nicht weiter betrachtet werden soll.

Schall ist definiert als ein zeitlich und örtlich variabler Druckzustand. Dies entspricht in der Physik einer Welle und die dazugehörige Gleichung lautet:

$$p(x,t) = p_0 \cdot \cos\left(\frac{x}{\lambda} - \omega t - \varphi\right)$$
$$\text{mit } \lambda = \frac{2\pi \cdot c_s}{\omega} \tag{2.19}$$
$$\omega: \text{ Schwingfrequenz}$$
$$\lambda: \text{ Welllenlänge.}$$

Wie schnell sich die Welle ausbreitet, wird von der Schallgeschwindigkeit c_s bestimmt. Diese ist wiederum abhängig von dem Aggregatzustand des Ausbreitungsmediums sowie dessen physikalischen Eigenschaften, wie beispielsweise Dichte und Temperatur.

Es wäre zunächst naheliegend die Druckschwankungen entsprechend Gleichung (2.19) zu benutzen, um eine Aussage über den akustischen Zustand machen zu können. Der menschlichen Natur ist jedoch eigen, dass Reize nur relativ wahrgenommen werden. Das zeigt sich, wenn ein Gewicht von 10 kg und 0,1 kg jeweils ein Zuwachs von 100 g erfährt. In beiden Fällen ist die Reizänderung dieselbe. Jedoch wird im ersten Fall so gut wie keine Änderung wahrgenommen, wohingegen im zweiten Fall durch die Verdopplung des Gewichts eine deutliche Empfindungsänderung auftritt. Das heißt, dass eine Reizänderung ΔR immer auf einen absoluten Wert R bezogen werden muss, um eine Wahrnehmung aussagekräftig beschreiben zu können. Der proportionale Zusammenhang einer Empfindungsänderung ΔE gegenüber einer relativen Reizänderung lautet dann zunächst in differentieller Schreibweise wie folgt:

$$dE = k \cdot \frac{dR}{R}. \tag{2.20}$$

Nach Integration von (2.20) erhält man den logarithmischen Zusammenhang

$$E = 2,3k \cdot \lg\left(\frac{R}{R_0}\right) \tag{2.21}$$

unter Berücksichtigung eines Reizbezugswerts R_0 [88]. Analog dazu wird in der Akustik eine Hörschwelle verwendet, die dadurch gekennzeichnet ist, dass ein Schallereignis gerade noch wahrgenommen werden kann. Die dazugehörige Druckschwankungsamplitude p_0 liegt bei ca. $2 \cdot 10^{-5}$ Pa. Gegenüber der Hörschwelle beträgt die Druckschwankung der Schmerzgrenze ca. $2 \cdot 10^{2}$ Pa. Das bedeutet, dass sieben Zehnerpotenzen dazwischenliegen, was eine logarithmische Darstellung sinnvoll erscheinen lässt. Modifiziert führt die Gleichung (2.21) auf den Schalldruckpegel L_p mit der Einheit Dezibel (dB) als grundlegende Größe zur Bewertung der Intensität eines Geräusches:

$$L_p = 20 \cdot \lg\left(\frac{p}{p_0}\right). \tag{2.22}$$

Der Vorfaktor 20 des Logarithmus wurde so gewählt, dass ein Dezibel etwa einer noch wahrnehmbaren Lautstärkeänderung entspricht [88, S. 7].

Bei der Definition der Hörschwelle wurde eine Frequenz von 1 kHz vereinbart. Das deutet darauf hin, dass die Frequenz subjektiven Einfluss auf das Lautstärkeempfinden hat. Die Abbildung 2.13 veranschaulicht diesen Sachverhalt, indem Kurven der als gleich empfundenen Lautstärke (Einheit: Phon) dargestellt sind. Tiefe Töne können einen größeren Schalldruckpegel aufweisen und werden als gleichlaut wahrgenommen.

Geräusche mit hohen Frequenzen (bis ca. 8 kHz) müssen dagegen einen geringeren Schalldruckpegel besitzen, um nicht als lauter empfunden zu werden. Bei der Referenzfrequenz von 1 kHz entspricht die Lautstärke der Schalldruckpegelskala (2.22) in dB.

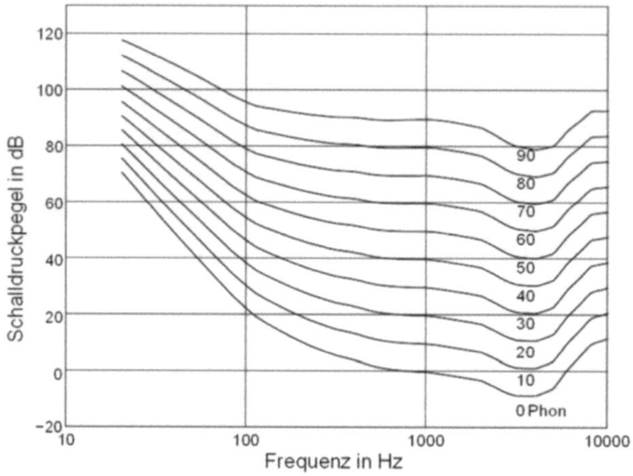

Abbildung 2.13: Lautstärkeempfinden des Menschen [88]

2.4.3 Ursachen von Schwingungen und Geräuschen

Mechanisch bedingte Ursachen

Ein Nebeneffekt der zum Zweck des Antreibens in elektrischen Maschinen erzeugten Kräfte (siehe Abschnitt 2.2) sind Schwingungen. Diese breiten sich auf die verschiedenen Bauteile des Motors aus. Manche Komponenten sind selbst auch Ursache für die Entstehung von Geräuschen. Dazu zählen Kugel- oder Gleitlager, die dadurch gekennzeichnet sind, dass sich zwei in Kontakt befindliche Körper mit unterschiedlichen Geschwindigkeiten aneinander vorbei bewegen. Aufgrund ungünstiger Betriebsbedingungen (u.a. unzureichende Vorspannung, fehlende Schmierung) kann es zu erhöhten und schwankenden Kontaktkräften kommen. Bei Rotationsmotoren entstehen Unwuchten, wenn die Drehachse nicht mit der Achse des Wellenträgheitsmoments zusammenfällt. Variiert dieses entlang der Welle, so führen dynamische Unwuchten zu Taumelbewegungen, die wiederum auf die Lager wirken. In Getrieben verursachen sich stetig ändernde Eingriffszahlen der Zahnräder Drehmomentschwankungen. Bei Richtungsumkehr ist außerdem Spiel dafür verantwortlich, dass ein Zahn impulsartig angeregt wird. Die genannten mechanischen Ursachen können sich in Quietschen, Rasseln und Schleifen äußern [123]. Aerodynamische Effekte, die durch Luftbewegungen hervorgerufen werden, haben im Vergleich zu mechanischen und elektromagnetischen Ursachen einen relativ geringen Einfluss [71].

Elektromagnetisch bedingte Ursachen

Elektromagnetische Kräfte sind maßgeblich für die Geräuschentstehung bei den meisten elektrischen Maschinen verantwortlich [132]. Die Ursache für elektromagnetische Kräfte sind ein sich zeitlich und örtlich änderndes Magnetfeld und dessen Wirkung auf ferromagnetische Körper. In Abbildung 2.14 soll dieser Sachverhalt anhand eines einfachen Beispiels dargestellt werden. In horizontaler Richtung bewegt sich ein Magnet und übt einen Maxwellschen Zug aus. Das heißt, dass auf das Eisenstück abhängig von der Position des Magneten Zugkräfte in Richtung des Magneten wirken. Somit bildet sich ein wandernder Vertikalkraftberg mit dem Maximum an der Stelle x_m.

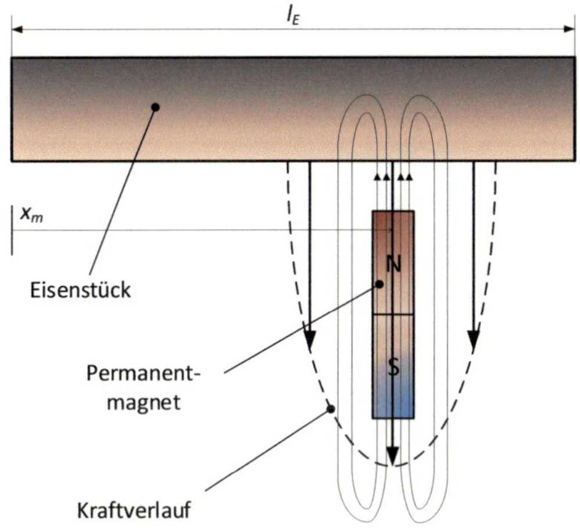

Abbildung 2.14: Kraftwirkung auf ein Eisenstück durch einen bewegten Magneten

Bei realen elektrischen Antrieben liegt, wie in Abbildung 2.15 a) dargestellt ist, eine Flussdichteverteilung $B(x)$ mit zumeist sinusförmigen Verlauf im Luftspalt vor. Der dazugehörige mechanische Spannungsverlauf $\sigma(x)$ in Normalrichtung auf eine glatte Oberfläche ergibt sich mit der halben Wellenlänge. Im Betrieb wandern beide Kurven proportional zur Läufergeschwindigkeit voran. Handelt es sich anstelle einer glatten Oberfläche um eine genutete Struktur mit Leiterstück, wie sie bei vielen elektrischen Maschinen vorliegt, so entstehen weitere Kraftkomponenten. Abbildung 2.15 b) verdeutlicht die auftretenden Kräfte beim Durchschreiten des Magnetfeldes.

Aufgrund der Zahnstruktur und der damit auftretenden unsymmetrischen Flussverteilung an den Seitenflächen bilden sich neben den Vertikalkräften $F_{Zahn,v}$ zusätzlich noch Horizontalkräfte $F_{Zahn,h}$, die im Gegensatz zur Vertikalkraft in entgegengesetzte Richtungen wirken können. Da die Horizontalkomponente der magnetischen Flussdichte in der Leiternut überwiegt, drücken je nach Flussrichtung Lorentzkräfte $F_{Leiter,v}$ den Leiter entweder radial aus oder in die Nut hinein. Gibt es vertikale Flusskomponenten, so bilden sich zudem horizontale Leiterkräfte $F_{Leiter,h}$, die auf die umgebenden Zahnflanken wirken. Das bedeutet, dass sowohl im Zahn als auch im Nutbereich Schwingungen durch wandernde Magnetfelder eingeprägt werden und so zur Schallentstehung beitragen.

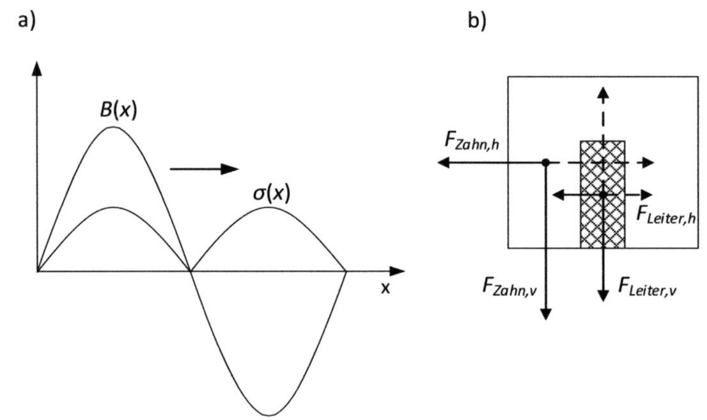

Abbildung 2.15: a) Flussdichte und Zugspannungsverlauf b) Pulsierende Kräfte an einer Leiternut

Rastkräfte

Rastkräfte sind eine besondere Form elektromagnetischer Kräfte, die bei Motoren mit Permanentmagneten und Eisenrückschluss entstehen. Die Ursache dafür ist eine ungleiche Flussdichteverteilung an den Seitenflächen eines geschlossenen Körpers. Als Folge des Zwangs, einen stabilen magnetischen Zustand zu erreichen, kommt es zu Reluktanzkräften (siehe Abschnitt 2.2.3). Genutete Strukturen sind dafür verantwortlich, dass nicht nur an den Körperenden, sondern auch an den Zahnflanken asymmetrische Feldverläufe entstehen. Eine Besonderheit von Rastkräften ist, dass sie auch im stromlosen Zustand vorhanden sind und damit vor allem bei geringen Antriebskräften großen Einfluss auf das Bewegungsverhalten haben.

Exemplarisch wird der Rastkraftverlauf für einen vom Permanentmagnetfluss durchfluteten Läuferausschnitt eines LHSM (siehe Abschnitt 2.1.2) in Abbildung 2.16 gezeigt. Die Feldlinien sind aus Übersichtsgründen nicht dargestellt. Die qualitativen Kraftverläufe in Horizontal- und Vertikalrichtung sind ortsperiodisch und in dem gezeigten Beispiel sinusförmig. In der Praxis können aufgrund geometrischer Toleranzen der Zahngeometrie Abweichungen bezüglich der Sinusform auftreten. Bei der kompletten Überdeckung der Zähne ist der Betrag der Vertikalkraft maximal und bei halber Zahnüberdeckung die Horizontalkraft[1]. Eine Bewegung des Läufers führt dann dazu, dass jeder Zahn dynamisch angeregt wird und so als Schallquelle fungiert.

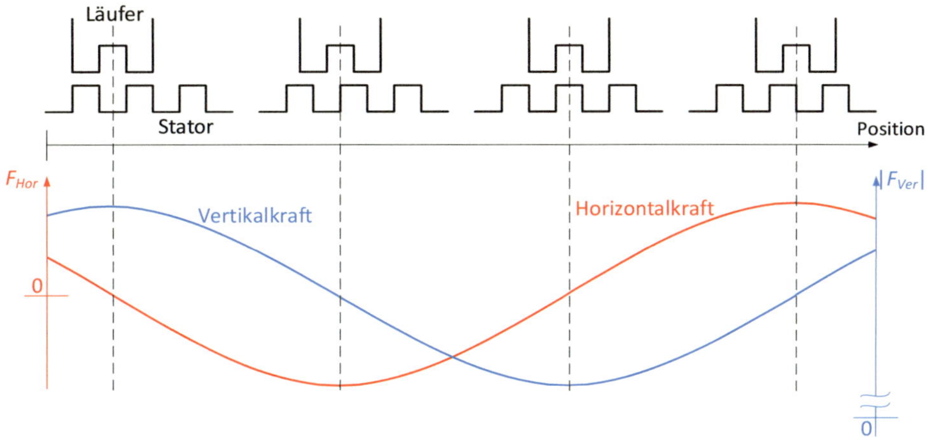

Abbildung 2.16: Rastkraftverlauf der Zähne eines LHSM

Wird der gesamte Läufer betrachtet, so addieren sich die einzelnen Zahnkräfte zu einer ortsperiodischen Gesamtkraft in horizontaler und vertikaler Richtung. Während die Horizontalkraft stetig die Richtung wechselt, variiert die Vertikalkraft um einen Offset, der durch die anziehende Maxwellkraft von Läufer und Stator entsteht.

Kraftwelligkeit

Im Unterschied zu Rastkräften entsteht Kraftwelligkeit bei der gezielten Erzeugung von Antriebskraft, was gleichbedeutend mit einer aktiven Bestromung ist. Bei Gleich-

[1] Real ist der exakte Kraftverlauf von der magnetischen und geometrischen Konstruktion des Motors abhängig.

strommotoren liegt ein proportionaler Zusammenhang des Stellstroms I und der resultierenden Kraft F vor. Der dazugehörige Proportionalitätsfaktor K_F wird als Kraftkonstante bezeichnet und ist idealerweise unabhängig von Systemzuständen:

$$F = K_F \cdot I\,. \tag{2.23}$$

Es ist anzumerken, dass beispielsweise bei den in Abschnitt 2.1.2 angeführten Tauchspulenantrieben die Kraftkonstante schwanken kann. In [146] wird die Kennlinie eines solchen Aktors, der zur Präzisionspositionierung eingesetzt wird, identifiziert. Diese weist einen parabelförmigen Verlauf und somit keinen konstanten Wert auf.

Mehrphasige Antriebe besitzen konstruktionsbedingt variable Kraftkonstanten, die vom Winkel φ oder der Position x abhängen und als Kraftfunktionen bezeichnet werden sollen. Bei zweiphasigen Antrieben mit sinusförmigen Kraftfunktionen heißt das, dass es idealerweise keine Abweichungen von der Sinusform, weder bei den Kraftfunktionen noch den Stromverläufen geben sollte. Wenn diese Bedingungen eingehalten werden, entsteht immer eine von der Position x unabhängige Antriebskraft:

$$\begin{aligned} F &= k_{F1}(x)\cdot i_1(x) + k_{F2}(x)\cdot i_2(x) = K_F \cdot I \cdot \left(\sin^2(x) + \cos^2(x)\right) = K_F \cdot I, \\ &\text{mit} \\ k_{F1} &= K_F \sin(x);\ k_{F2} = K_F \cos(x), \\ i_1 &= I\sin(x);\ i_2 = I\cos(x). \end{aligned} \tag{2.24}$$

Gibt es Abweichungen bezüglich des idealen sinusförmigen Verlaufs der Kraftfunktionen oder der Ströme, so entstehen Schwankungen um den gewünschten Kraftwert. Ursachen für nichtideale Kraftfunktionen können geometrische Toleranzen, Variationen der Wicklungen oder inhomogene Werkstoffeigenschaften sein. Bezüglich der Stromerzeugung kann die Leistungselektronik für Offsets oder von der Sinusform abweichende Verläufe verantwortlich sein [110].

Es ist festzuhalten, dass elektromagnetische Kräfte für den Antrieb und die Bewegung elektrischer Maschinen verantwortlich sind. Bei den meisten Bauformen entstehen allerdings unerwünschte Nebeneffekte, zu denen Rastkräfte und Kraftwelligkeit als besondere Phänomene zählen. Diese sind auch dafür verantwortlich, dass die eigentliche Antriebskraft mit Kraftschwankungen überlagert und damit der Antrieb zum Schwingen angeregt wird.

2.4.4 Methoden zur Geräuschreduzierung

Im Hinblick auf Methoden zur Reduzierung von Schwingungen und Geräuschen sind die Ursachen, die in dem vorhergehenden Abschnitt erläutert worden sind, zu betrachten. Die mechanischen Ursachen entstehen außerhalb des Motors und sind allgemeine Themen des Maschinenbaus, an denen kontinuierlich gearbeitet wird. In [54] werden beispielsweise Rotor-Lagerungen einer elektrischen Maschine untersucht und mithilfe eines Mehrkörpermodells analysiert. Die meisten Maßnahmen setzen jedoch bei den elektromagnetischen Ursachen an, die innerhalb der elektrischen Maschine auftreten [113]. Diesbezüglich kann eine Einteilung entsprechend Abbildung 2.17 in konstruktive und steuerungs- bzw. regelungstechnische Maßnahmen gemacht werden.

Als konstruktive Maßnahmen zur besseren Unterdrückung der Eigenverformungen wird in [57, 71] eine Versteifung bzw. Strukturänderung des Stators vorgeschlagen. Zur Reduzierung von Rastkräften untersucht JOERGES [62] zunächst am FEM-Modell und später am Prüfstand verschiedene geometrische Designvarianten einer linearen Synchronmaschine. Als effektivste Maßnahmen erweisen sich die Verdrehung der Permanentmagnete des Stators, eine Modifikation der Zahnform sowie ein zusätzlicher Eisenrückschluss an den Läuferenden. Das Ergebnis dieser Optimierungen sind reduzierte Rastkräfte, wobei sich auch die maximale Schubkraft verringert. SZABO [128] analysiert vier verschiedene Zahngeometrievarianten eines LHSM auf Basis von einem FEM-Modell. Der beste Schubkraft- und Flussdichteverlauf wird dabei erreicht, wenn eine kleinere Zahnkopfbreite gegenüber der Zahnlücke verwendet wird.

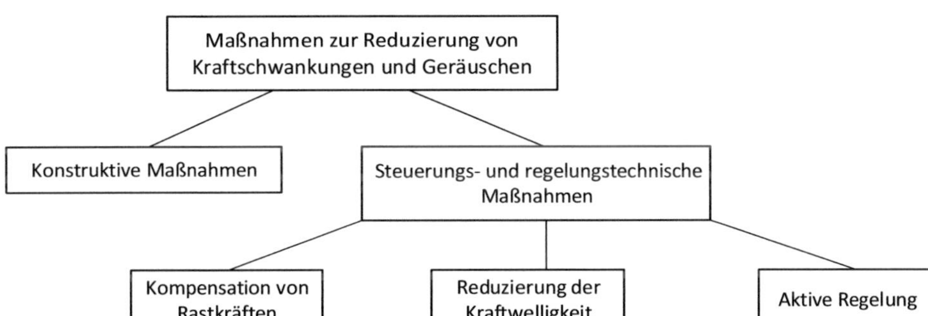

Abbildung 2.17: Klassifikation der Methoden zur Geräuschreduzierung

Steuerungs- bzw. regelungstechnische Optimierungen befassen sich hauptsächlich mit den Kraftschwankungen, d.h. der Unterdrückung der magnetisch erzeugten Rastkräfte und Reduzierung der antriebsbedingten Kraftwelligkeiten. In einigen Beiträgen wird für das eigentlich gemeinte „Cogging" (Rastkräfte) der Begriff „Force Ripple" (Kraftwelligkeit) verwendet. Beide Effekte werden von VAN DEN BRAEMBUSSCHE [131] richtig unterschieden und der positionsabhängige Verlauf der Rastkraft als auch der Kraftwelligkeit mithilfe einer Kraftmessdose identifiziert. Die ermittelten periodischen Kennlinien ergänzen dann als Vorsteuerung eine Zustandsregelung für die Position. Durch Messung der Stellgröße ermittelt RÖHRIG [107] die lastunabhängige Kraftwelligkeit mit der Rastkraft als Hauptbestandteil. Die lastabhängige Kraftwelligkeit wird unter Verwendung von Gewichten identifiziert. Beide werden dann als aufgeschaltetes vorgesteuertes Kompensationssignal verwendet.

Es gibt zahlreiche Beiträge, die auf eine positionsabhängige Kompensation der Rastkräfte wie u.a. [94, 100] abzielen. Als weiterführende Strategie können die dafür benötigten unbekannten Parameter während des Betriebs identifiziert werden. Dazu werden beispielsweise neuronale Netze eingesetzt [58, 93], die rekursive Least-Squares-Methode (RLS) [143] oder Iterative Learning Control (ILC) [142]. Des Weiteren ermöglichen auch Beobachter eine Identifikation der Rastkraftparameter [60, 76] bzw. eine Störkompensation [126]. Regler nach der Lyapunov-Theorie werden ebenfalls mit dem Ziel entworfen, adaptiv auf die Nichtlinearitäten wie Reibung und Rastkräfte zu reagieren [2, 129]. Ein Makel bei nahezu allen vorgestellten Methoden ist allerdings, dass die Geschwindigkeitsabhängigkeit der Rastkraft nicht berücksichtigt wird. Daher soll auf BRAHMS [23] verwiesen werden, der in seinem Modell für einen Lineardirektantrieb die geschwindigkeitsabhängige Amplituden- und Phasenänderung der Rastkraft ermittelt hat.

Eine wesentlich geringere Anzahl von Beiträgen beschäftigt sich mit der Reduzierung der Kraftwelligkeit. Neben der erwähnten Methodik zur Identifikation und Kompensation der Kraftwelligkeit wie in [107, 131] gibt es einen weiteren Ansatz, der auf die Kommutierung abzielt. Dabei werden als Ergebnis von Optimierungsansätzen die Stromformen der einzelnen Phasen variiert, die dann für eine modifizierte Kommutierung verwendet werden [108, 112].

Darüber hinaus gibt es Maßnahmen allgemeinerer Art, Kraftschwankungen zu mindern. In [49] wird der Gleichlauf eines linearen Direktantriebes mittels einer unterlagerten Beschleunigungsregelung verbessert sowie die Störsteifigkeit erhöht. Zum Einsatz kommt dabei ein Beschleunigungssensor, der nach dem Ferraris-Prinzip arbeitet und damit eine ausgewogene Bandbreite für eine gute Reglerdynamik bietet. In [8] wird ein im Schrittbetrieb eingesetzter rotatorischer HSM ohne Drehgeber mit einem MEMS-Beschleunigungssensor ausgestattet, um damit Kraftschwankungen zu reduzieren.

Der Ansatz der aktiven Schwingungskompensation wird in [92] für einen rotatorischen RSM vorgestellt. Dazu dienen sechs gleichmäßig am Statorumfang angeordnete Piezoaktoren, die entgegen der Radialkraftwelle wirken und Eigenformanregungen des Statorblechpaketes unterdrücken sollen.

Ein grundsätzlicher, allgemeiner Überblick von Methoden zur Reduzierung von Kraftschwankungen wird auch in [114, 133] gegeben.

3 Prüfstandsaufbau

3.1 Aufbau und Funktionsprinzip eines herkömmlichen LHSM

Im Mittelpunkt der Untersuchungen in dieser Arbeit steht ein Lineardirektantrieb, der nach dem Hybridschrittmotorprinzip (siehe Abschnitt 2.1.2) arbeitet. Charakteristisch für diesen Motortyp ist die Zahnstruktur von Läufer und Stator. Der konstruktive Aufbau eines herkömmlichen dreiphasigen Motormoduls der Firma *Pasim Direktantriebe GmbH* [95] ist in Abbildung 3.1 a) skizziert.

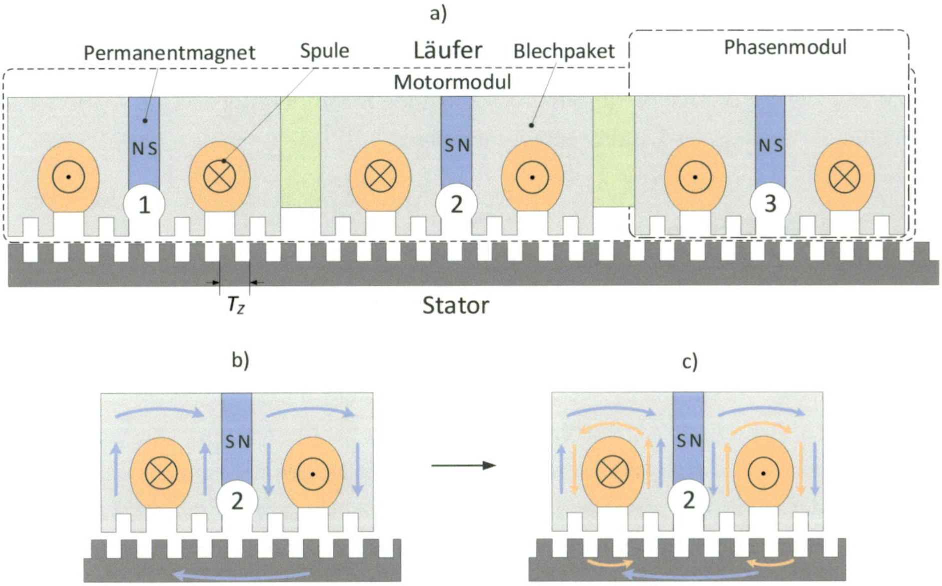

Abbildung 3.1: Antriebsprinzip eines LHSM

Eine charakteristische Kenngröße dieses Antriebs ist der Abstand zweier Zahnflanken des Stators, die als Zahnteilungsperiode T_Z bezeichnet wird. Das Motormodul besteht aus drei jeweils um ein Drittel T_Z verschobenen Phasenmodulen. Ein Phasenmodul ist durch eine Spule, die innerhalb einer ringförmigen Nut des Eisenrückschlusses gewickelt ist, gekennzeichnet. Der Eisenrückschluss besteht aus laminierten Kernblechen, die zur Verminderung von Wirbelströmen dienen. Zwischen den Kernblechpaketen befinden sich Permanentmagnete, die für eine magnetische Grunderregung sorgen. Im mittleren zweiten Phasenmodul sind die Richtungen von Spulenwicklung und Permanentmagnet umgedreht, um magnetische Wechselwirkungen mit den anderen Phasenmodulen zu vermeiden.

In Abbildung 3.1 b) wird das zweite Phasenmodul zum Beschreiben des Funktionsprinzips isoliert betrachtet. Der Permanentmagnetfluss fließt in der entsprechenden Richtung vom Nord- zum Südpol und durchflutet Läufer und Stator. Wird die Spule nun in negativer Richtung bestromt, entsteht ein zusätzlicher Magnetfluss nach der Rechte-Hand-Regel (siehe Abbildung 3.1 c)). Dieser führt in der rechten Schenkelseite der Blechpakete zu einer Verstärkung und in der linken zur Abschwächung des Gesamtmagnetflusses. Die Reluktanzkräfte gleichen sich damit nicht mehr aus und es kommt zu einer resultierenden Kraft nach rechts. Die darauffolgende Bewegung sorgt dafür, dass die Zähne der rechten Schenkel der Blechpakete und des Stators direkt gegenüberstehen. Werden die Spulen der anderen Phasen nacheinander bestromt, kann durch eine zyklische Ansteuerung mit wechselnden Stromrichtungen eine schrittweise gerichtete Bewegung des Läufers erzeugt werden.

3.2 LHSM-Prototyp

Um Methoden zur Geräuschreduzierung eines herkömmlichen LHSM zu finden, wurde von Pasim ein modifiziertes Motormodul entworfen. Die Modifikation betrifft die Erregung des Magnetkreises, die üblicherweise permanentmagnetisch erfolgt.

Bei dem in Abbildung 3.2 skizzierten LHSM wurden die Phasenmodule jeweils um einen zusätzlichen U-förmigen Eisenrückschluss erweitert, der auf die Kernblechpakete gesetzt wird. Um dieses Zusatzjoch ist Kupferdraht zu einer Spule mit 80 Windungen gewickelt. Damit ergibt sich eine neue Ausgangssituation für die Erregung des Motors, die mithilfe der Zusatzspulen nun variabel gestaltet werden kann. Zur Unterscheidung werden die Antriebsspulen in dieser Arbeit als Hauptspulen bezeichnet. Die gezielte Ausnutzung der variablen Erregung ist ein Hauptbestandteil dieser Arbeit und wird in Kapitel 5 ausführlich betrachtet.

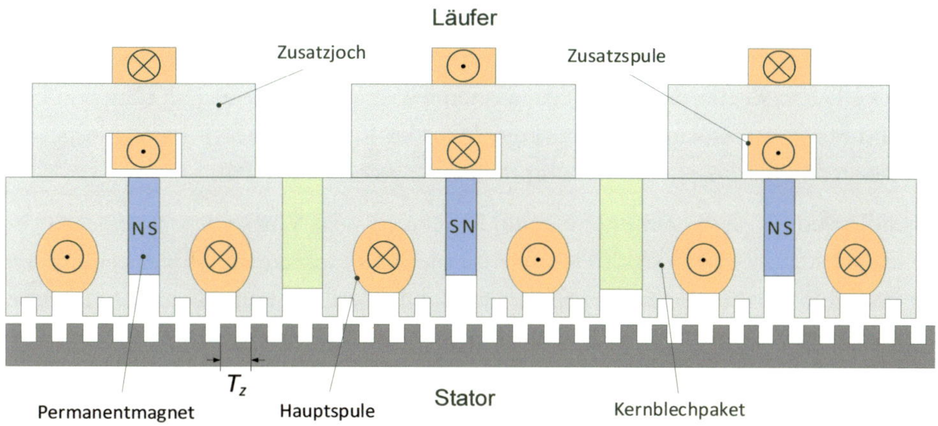

Abbildung 3.2: Modifiziertes Motormodul mit Zusatzeisenkreis

Der eingesetzte Antrieb besteht aus zwei modifizierten Motormodulen, die in einem Gehäuse aus Aluminium integriert sind. Diese sind in der Richtung entgegengesetzt angeordnet, um Kippmomente um die Querachse zu reduzieren. Das Gehäuse ist, wie in Abbildung 3.3 zu sehen, U-förmig um den 2 m langen Stator angeordnet. Für die Führung werden Luftlager verwendet, die sich im Inneren des Gehäuses befinden und zu den Statoroberflächen gerichtet sind. Die an den Seitenflächen angebrachten Luftlager zentrieren den Läufer in Querrichtung.

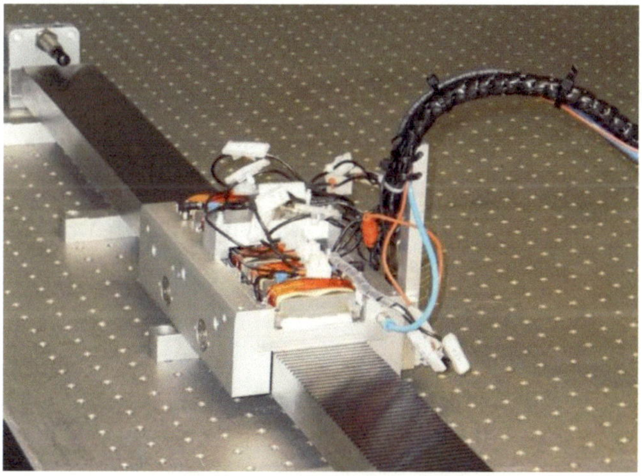

Abbildung 3.3: LHSM-Prototyp

Zur Kompensation der starken Anziehungskräfte von Läufer und Stator dienen zur Statoroberseite ausgerichtete Luftlager (siehe Abbildung 3.4). Um eine glatte Oberfläche zu erhalten, die für die Luftlagerung essentiell ist, werden die Zahnlücken von Läufer und Stator mit einem Polymer vergossen. Der LHSM-Prototyp basiert insgesamt auf einem Standardmotor aus dem Produktkatalog von Pasim [96].

Grundlegend für die Kommutierung und Regelung ist das Vorhandensein eines Positionsmesssystems. Für den LHSM wird ein magnetisches Inkremental-Linearmesssystem verwendet, das in Abbildung 3.5 gezeigt wird. Dieses besteht aus einer Maßverkörperung und einem Sensorkopf. Die Maßverkörperung ist durch abwechselnde Nord- und Südpole mit einer Polteilung von 2 mm gekennzeichnet. Die Ausführung als elastisches Band ermöglicht das Aufkleben innerhalb einer Nut, die sich an der Statorunterseite befindet. Der am Läufer montierte Sensorkopf besteht aus einer magnetoresistiven Messbrücke [38]. Bei Bewegung des Läufers führt das sich ändernde Magnetfeld zu elektrischen Spannungsänderungen. Mit einer Auswerteelektronik wird eine Interpolation innerhalb der Polteilung durchgeführt, sodass eine Auflösung von 1 µm erreicht wird. Positionsänderungen werden in Form von Inkrementen ausgegeben und stehen als TTL-Signal für die eine Signalverarbeitung zur Verfügung.

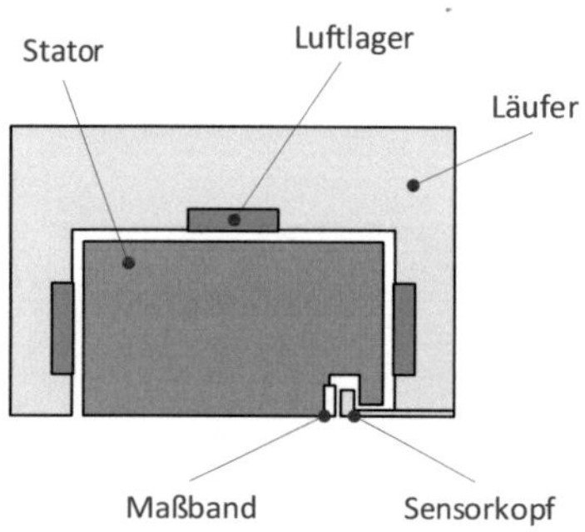

Abbildung 3.4: Führung des Läufers

Abbildung 3.5: Magnetisches Inkremental-Linearmesssystem [38]

Die weiteren Komponenten des Prüfstandes für den LHSM-Prototypen sollen nachfolgend kurz beschrieben werden.

3.3 Analoge Stromregler

Zur Ansteuerung der Haupt- und Zusatzspulen werden lineare analoge Leistungsverstärker eingesetzt. Eine Verstärkerkarte ist in Abbildung 3.6 zu sehen. Das zentrale Bauteil ist ein Operationsverstärker (OPV), dessen Verstärkung über die Widerstände im Rückführzweig eingestellt werden kann. Zur Feineinstellung wird zusätzlich ein Instrumentenverstärker als Vorverstärker genutzt [25]. Aufgrund der großen Verlustleistung und der damit entstehenden Wärme ist ein relativ großer Kühlkörper erforderlich. Das Gehäuse bietet zusätzlich durch Lüfter eine aktive Kühlung und somit einen stabileren Betrieb.

Abbildung 3.6: Leistungsverstärker

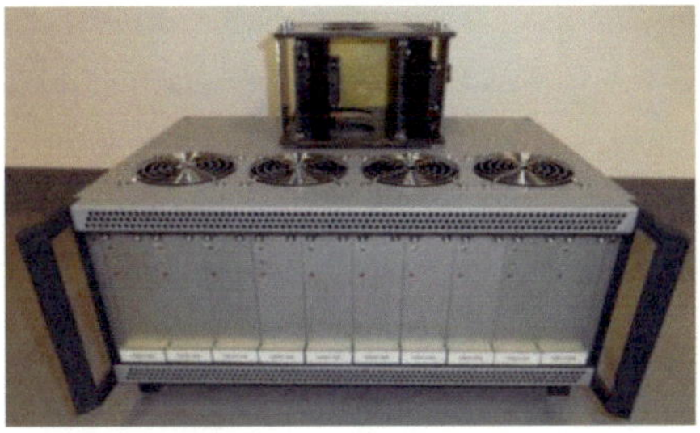

Abbildung 3.7: Gehäuse für Verstärkerkarten

Entsprechend der Eigenschaften des Standardmotors soll für den LHSM-Prototypen ein Maximalstrom von ca. 6 A gestellt werden können. Der eingesetzte OPV ist in diesem Bereich allerdings nur für den Kurzzeitbetrieb geeignet. Um eine Überhitzung bzw. Beschädigung und den damit verbundenen Einbruch der Stromstärke zu vermeiden, wird die Verstärkung so gewählt, dass sich ein Limit von 3 A ergibt. Zum Stellen von Strömen jenseits von maximal 6 A werden daher immer zwei Verstärkerkarten parallel betrieben, was eine Verdopplung des Stromes zur Folge hat. Mit dem hochohmigen Steuereingang von ± 10 V kann dann in einem linearen Verhältnis ein entsprechender Strom von ± 6 A eingestellt werden.

Für die drei Haupt- und Zusatzspulen müssen schließlich insgesamt zwölf Leistungsverstärker bereitgestellt werden. Das Design der Verstärkerkarten ermöglicht es, dass diese in ein Gehäuse, welches in Abbildung 3.7 zu sehen ist, integriert werden können. Da es nur zehn Einschübe gibt, wird zusätzlich eine Platine mit zwei Steckplätzen für die beiden übrigen Verstärkerkarten verwendet.

3.4 Sensorik für Schwingungen und Geräusche

3.4.1 Beschleunigungssensor

Zur Messung von Schwingungen in allen drei Raumrichtungen wird ein triaxialer Beschleunigungssensor (siehe Abbildung 3.8) nach dem piezoelektrischen Prinzip eingesetzt. Piezoelektrizität ist eine Eigenschaft bestimmter Keramiken, die bei einem äußeren mechanischen Druck eine elektrische Spannung erzeugen. An den Oberflächen der Keramik werden elektrische Kontakte befestigt, sodass elektrische Ladungen fließen können. Da das hochohmige Ladungssignal sehr störempfindlich ist, wird es über eine Impedanzwandlung nach dem IEPE-Standard in ein niederohmiges Spannungssignal umgewandelt. Dies begünstigt zudem die Weiterleitung des Messsignals [85]. Die drei Messkanäle werden über ein Koaxialkabel mit einem Messverstärker, der in Abbildung 3.9 gezeigt wird, verbunden. Dort kann das Messsignal um die Faktoren 10, 100 oder 1 000 verstärkt werden. Zur Unterdrückung von Rauschanteilen ist ein analoges Tiefpassfilter mit verschieden einstellbaren Grenzfrequenzen im Verstärker integriert.

Abbildung 3.8: Triaxialer Beschleunigungssensor [86]

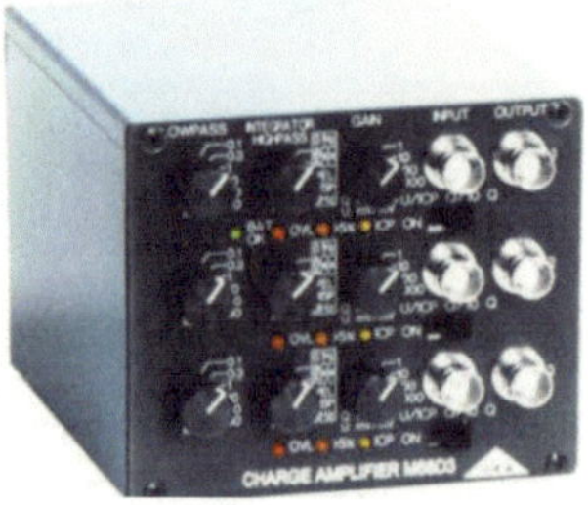

Abbildung 3.9: Messverstärker [84]

Um die Schwingungen des Läufers erfassen zu können, wurde bei der Auswahl des Sensors darauf geachtet, dass er eine ausreichend große Frequenzbandbreite von mindestens 3 kHz besitzt. Aus dem Datenblatt (siehe Abbildung 3.10) ist ersichtlich, dass der annähernd lineare Arbeitsbereich des Sensors bei ca. 10 kHz endet und somit den Anforderungen genügt. Ein Nachteil wiederum ist, dass nur dynamische Bewegungen bzw. Schwingungen ab ca. 1 Hz messbar sind. Daher kann der Sensor den Beschleunigungsverlauf beim Anfahren und Abbremsen des Läufers nicht zur Verfügung stellen.

Für derartige Zwecke sind MEMS- oder Ferraris-Sensoren besser geeignet. Die geforderte Aufgabe, hochfrequente Schwingungen zu messen, wird aber mit dem eingesetzten Beschleunigungssensor in dieser Arbeit erfüllt.

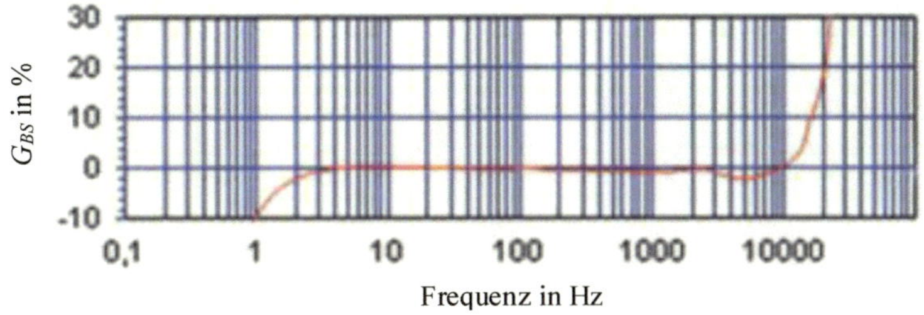

Abbildung 3.10: Amplitudenfrequenzgang des Beschleunigungssensors [86]

3.4.2 Schalldruckpegelmessgerät

Zur Messung der Intensität von Geräuschen des LHSM wird ein stationäres Schalldruckpegelmessgerät [97] eingesetzt, das in Abbildung 3.11 zu sehen ist. Es besteht aus einem Präzisions-Electret[2]-Mikrofon und einem Transmitter, der mit einer 24 V Versorgungsspannung betrieben wird. Durch einen analogen Ausgang wird das Messsignal als Stromeinheitssignal im Bereich von 4 bis 20 mA zur Verfügung gestellt. Damit eine Signalverarbeitung mit der Echtzeithardware möglich ist, sorgt ein Messumformer für eine Umwandlung in eine Spannung von 0 bis 10 V. Die anlogen Signale korrespondieren mit einem Schalldruckpegel, der 30 bis 130 dB entspricht.

Da, wie in Abschnitt 2.4.2 beschrieben, das Lautstärkeempfinden sehr subjektiv und von der Frequenz abhängig ist, wird üblicherweise ein frequenzabhängig gewichteter Schalldruckpegel verwendet. Für diesen Zweck gibt es Bewertungskurven, die nach IEC-Normen definiert sind. Der für das Messgerät zu Grunde liegende und am häufigsten verwendete Bewertungspegel ist die A-Bewertung und in Abbildung 3.12 dargestellt. Betrachtet man die Schalldruckpegel gleicher Lautheit (siehe Abbildung 2.13), so ist erwartungsgemäß ein umgekehrter Verlauf zu erkennen. Das bedeutet, dass Geräusche niedriger Frequenzen leiser gemacht werden, um eine aussagekräftigere Bewertung hinsichtlich des menschlichen Empfindens zu erhalten. Die Schalldruckmessungen werden für die Validierung der später in dieser Arbeit vorgestellten steuerungstechnischen Maßnahmen zur Geräuschreduzierung verwendet.

[2] Spezielle Form eines Kondensatormikrofons, das sehr häufig eingesetzt wird.

Abbildung 3.11: Schalldruckpegelmessgerät [97]

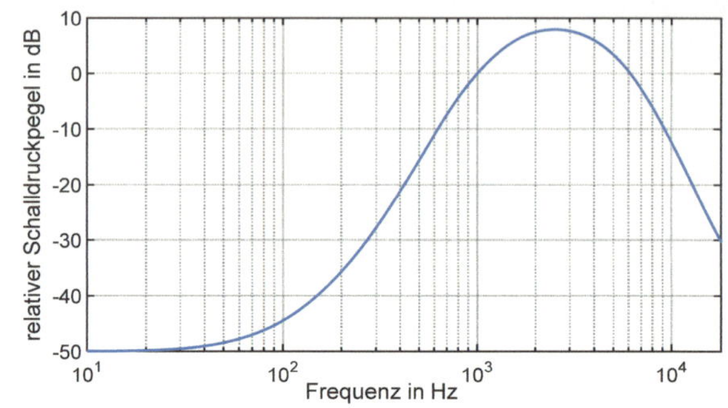

Abbildung 3.12: A-Bewertung des Schalldruckpegels

3.5 Echtzeithardware-System

Zur Signalverarbeitung der Sensoren, sowie für die Ausgabe von Steuer- und Stellsignalen wird ein Echtzeithardware-System der Firma *dSpace GmbH* [31] benutzt. Es kann als zentrales Steuer- und Überwachungselement des Prüfstandes betrachtet werden. Die Integration innerhalb des Prüfstandes mit den verbundenen Peripheriegeräten ist deshalb in Abbildung 3.13 als schematische Übersicht dargestellt. Das Echtzeithardware-System ist durch einen modularen Aufbau gekennzeichnet und kann mit verschiedenen Hardwarekarten zur Signalverarbeitung ausgerüstet werden. Das für den Prüfstand verwendete Echtzeit-System ist mit analogen Eingangskarten (ADC-Karten) ausgestattet. Diese nehmen die hochohmigen Messsignale des dreiachsigen Beschleunigungssensors sowie des Schalldruckpegelmessgeräts auf. Mit den Angaben aus den Datenblättern können dann aus den elektrischen Signalen die physikalischen Messgrößen berechnet werden. Zur Positionsermittlung wird eine Encoderkarte verwendet, welche die vom magnetischen Positionsmesssystem zur Verfügung gestellten Inkremental-Signale zählt. Mit Kenntnis der exakten Auflösung von 0,976 562 µm pro Inkrement kann somit die Position bestimmt werden.

Die für die Aufbereitung der physikalischen Größen notwendigen mathematischen Umformungen werden mit der Software MATLAB/Simulink [81] programmiert. Die Software ist blockorientiert und enthält Bibliotheken für verschiedenartige Aufgabenbereiche. Mithilfe von Code-Blöcken lassen sich ebenso Algorithmen und Befehlsfolgen implementieren. Ist das erstellte Programm ausführungsfähig, kann es von einem

Host-PC auf das Echtzeithardware-System über eine Ethernet-Schnittstelle übertragen werden. Dafür wird das Programm in einen für die Echtzeithardware lesbaren Code umgewandelt. Ein besonderer Vorteil der beschriebenen Werkzeugkette von Software und Echtzeithardware ist das schnelle unkomplizierte Testen der in MATLAB/Simulink entwickelten Programme.

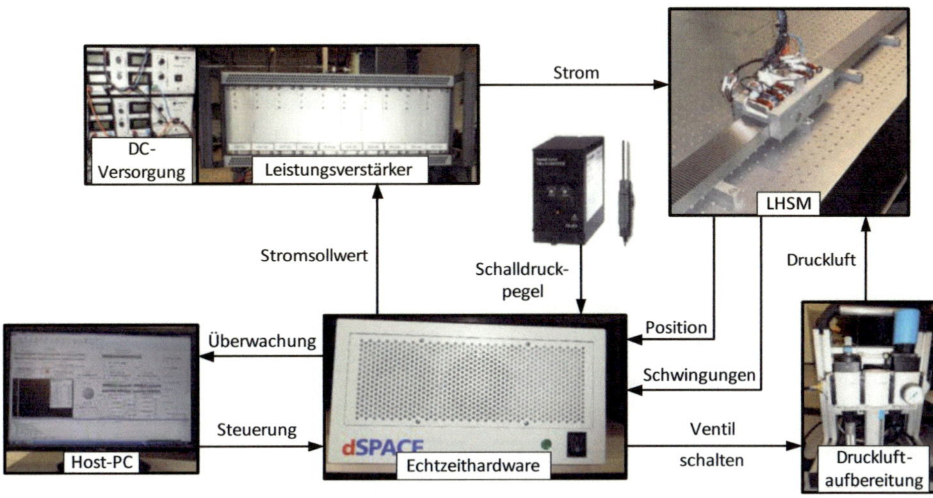

Abbildung 3.13: Gesamtübersicht des LHSM-Prüfstandes

Mit erfolgreicher Echtzeitausführung des Programms können die Messgrößen der angeschlossenen Sensoren über eine grafische Nutzeroberfläche angezeigt werden. Die Oberfläche erlaubt es außerdem, die Parameter des aktuell laufenden Programms zu ändern. Das betrifft u.a. auch die Steuergrößen des Prozesses, zu denen die Ströme von Haupt- und Zusatzspulen zählen. Die Stromsollwerte werden als elektrische Spannungen mittels analoger Ausgangskarten (DAC-Karten) für die Steuereingänge der Leistungsverstärker bereitgestellt, sodass die Phasenströme für den LHSM ausgegeben werden können.

Auch die für den Betrieb notwendige Druckluft wird über einen analogen Ausgang mittels Wegeventil ein- und ausgeschaltet. Um zu verhindern, dass sich Schmutzpartikel und Feuchtigkeit in der von der Laboranlage entnommenen Druckluft befinden, wird diese gefiltert und getrocknet.

Die Verarbeitungszeit von der Aufnahme der Sensorsignale und Ausgabe der Stellsignale beträgt 50 µs, woraus für den Prozess eine Taktrate von 20 kHz folgt.

3.6 Kommutierung

Die Aufgabe der Kommutierung besteht darin, die Phasen in Abhängigkeit von der Läuferposition so zu bestromen, dass eine Antriebskraft entsteht und eine unterbrechungsfreie Bewegung ausgeführt werden kann. Grundsätzlich ist es dafür ausreichend, wenn die Spulen in der korrekten Reihenfolge und unter Berücksichtigung der Stromrichtung an- und ausgeschaltet werden. Als Folge führt der Motor den konstruktiv bedingten Schrittweg s_{x0} aus. Das An- und Ausschalten der Spulen entspricht einem rechteckigen Stromverlauf und bedeutet eine sprungartige Änderung der Phasenströme. Dadurch werden der Läufer und die Zähne im resonanten Bereich angeregt, was sich negativ auf die Geräuschbildung auswirkt.

Nach dem Prinzip der elektronischen Schrittteilung wird nicht nur immer eine Phase, sondern mehrere gleichzeitig angesteuert. Des Weiteren können, abkehrend vom An- und Auszustand, diskrete Stromwerte eingestellt werden [123]. Dadurch kann der Schrittweg um einen bestimmten Faktor verkleinert werden und die Auflösung der Position erhöht sich dementsprechend. Eine immer feinere Quantisierung der Stromwerte führt schließlich zu einem quasi-kontinuierlich einstellbaren Strombereich, dessen Auflösung sich aus den Eigenschaften der Echtzeithardware ergibt. Da die DAC-Karte mit 16 bit arbeitet, bedeutet das bei einem Aussteuerbereich der Leistungsverstärker von ±3 A eine Auflösung von ca. 0,1 mA.

Entscheidend für die Kommutierung ist der konstruktionsbedingte Verlauf der Motor-EMK (Elektromotorische Kraft), die dem positionsabhängigen Verlauf der induzierten Bewegungsspannung entspricht. Es gibt grundsätzlich zwei Typen – Motoren mit trapezförmiger und sinusförmiger EMK. Am häufigsten, auch aufgrund der einfacheren Fertigungsbedingungen, sind Motoren mit sinusförmiger EMK zu finden [140]. Bei dem in dieser Arbeit untersuchten LHSM handelt es sich ebenfalls um einen sinusförmigen Motortyp, wobei die exakte Sinusförmigkeit nicht garantiert ist, was zu Kraftwelligkeit führen kann (siehe Abschnitt 2.4.3). Die kommutierten Phasenströme ergeben sich aus drei um 120° phasenverschobenen Strömen:

$$\begin{aligned} i_1 &= -I \cdot \sin\left(2\pi \cdot \frac{s_x}{T_Z}\right) \\ i_2 &= -I \cdot \sin\left(2\pi \cdot \frac{s_x}{T_Z} + \frac{2}{3}\pi\right) \\ i_3 &= -I \cdot \sin\left(2\pi \cdot \frac{s_x}{T_Z} + \frac{4}{3}\pi\right) \end{aligned} \tag{3.1}$$

mit $T_Z = 5\,\text{mm}$

s_x: aktuelle Position des Läufers

I: Stromamplitude.

Zur Veranschaulichung ist in Abbildung 3.14 die Position des ersten Phasenmoduls gegenüber dem Stator an markanten Stellen dargestellt. Dafür wird die relative Position zur Zahnteilungsperiode

$$s_{x,rel} = \frac{s_x}{T_Z}$$

eingeführt. An den Stellen $s_{x,rel} = 0{,}25$ und 0,75 tritt eine halbe Zahnüberdeckung auf. Das ist gleichbedeutend mit einer annähernd maximalen Horizontalkraft, die das Phasenmodul erzeugen kann. Daher wird die Stromstärke ebenfalls auf ein Extremum erhöht. Bei $s_{x,rel} = 0$; 0,5 und 1 kommt es abhängig von der Schenkelseite zu keiner bzw. zur vollständigen Zahnüberdeckung. An diesen Stellen kann durch das Phasenmodul keine Kraft erzeugt werden, was immer mit dem Nulldurchgang und somit einer Richtungsumkehr des Stroms verbunden ist. Eine kontinuierliche Positionsinformation ist dabei Voraussetzung für eine kontinuierliche Stromeinprägung. Aufgrund der Auflösung des Positionsmesssystems von 1 µm, existiert somit neben dem diskreten Stromsignal eine weitere Restriktion.

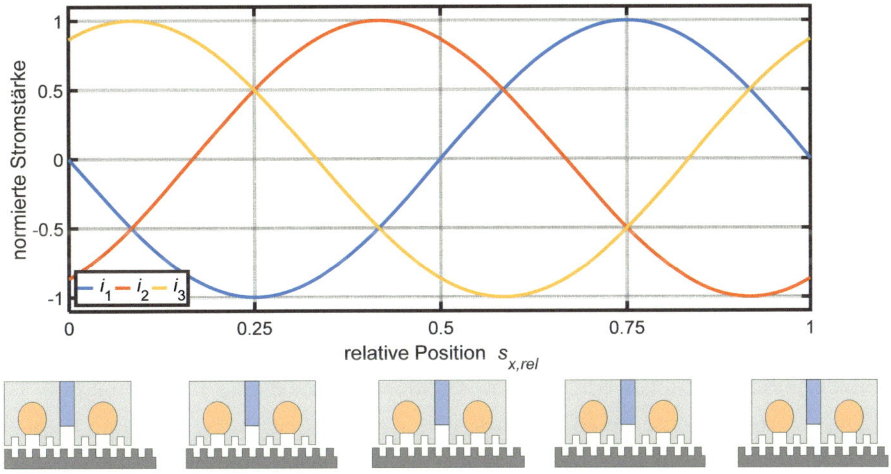

Abbildung 3.14: Kommutierungsfunktionen und Position des ersten Phasenmoduls

Als Bedingung für die Anwendung der Kommutierung (3.1) ist die Ausgangsposition des ersten Phasenmoduls zu berücksichtigen. Diese ist dadurch gekennzeichnet, dass eine Zahnüberdeckung der linken Schenkelseiten vorliegt. Daher muss der Läufer initial in diese bestimmte Position gebracht werden. Das wird erreicht, wenn die drei Phasenströme auf die Werte gestellt werden, die einer Position von $s_{x,rel} = 0{,}75$ entsprechen. Als Folge zieht sich der Läufer in die geforderte initiale Position. Nach der durchgeführten Kommutierungsinitialisierung fährt der Läufer an die Anschläge des Stators, um den möglichen Verfahrbereich zu ermitteln. Zur Positionsinitialisierung kann dann ein bestimmter Wert von null bis eins angegeben werden, wobei 0,5 der mittigen Lage des Läufers auf dem Stator entspricht.

Zusammengefasst beinhaltet die Betriebsinitialisierung erstens das Stellen des Läufers in eine definierte Lage, damit die Kommutierung nach Gleichung (3.1) genutzt werden kann. Zweitens wird die Nullposition mit einer Initialisierungsfahrt durch Fahren an beide Anschläge festgelegt. Die Betriebsinitialisierung wird mithilfe von Zustandsautomaten umgesetzt und automatisch nach einem Startbefehl in der Benutzeroberfläche auf der Echtzeithardware ausgeführt.

3.7 Übersicht der Prüfstandseigenschaften

Um eine kompakte Darstellung der Prüfstandseigenschaften zu präsentieren, sind in Tabelle 3.1 die wichtigsten Parameter aufgeführt. Zur besseren Einordnung der Daten soll eine kurze Erläuterung gegeben werden.

Der maximale Verfahrweg des Läufers ergibt sich grundsätzlich aus der Statorlänge. Der Stator ist als ein Bauteil gefertigt und hat eine Länge von 2 m. Aufgrund der notwendigen Anschlagsdämpfer und der Länge des Läufers von ca. 30 cm ergibt sich ein maximaler Verfahrweg von 1,5 m. Das heißt, dass bei mittiger Ausrichtung des Läufers bezüglich der Anschläge eine Bewegung von 0,75 m in beide Richtungen erfolgen kann. Aus den Untersuchungen des LHSM-Prototypen ergeben sich, abweichend von den im Datenblatt des nicht modifizierten Standardmotors aufgeführten Werten [96], eine maximale Geschwindigkeit von ca. 1 m/s sowie eine maximale Beschleunigung von ca. 12 m/s². Aus der Zusammenschaltung von je zwei Verstärkerkarten kann ein maximaler Strom von 6 A für jede Phase (Haupt- als auch Zusatzspule) zur Verfügung gestellt werden. Die Leistungsverstärker benötigen eine Versorgungsspannung von ±24 V, die von insgesamt vier Netzteilen zur Verfügung gestellt werden und die sich ergebende momentane Maximalleistung für alle Spulen beträgt ca. 1 100 W. Die weiteren für den

Prüfstand relevanten Parameter in der Tabelle 3.1 sind in diesem Kapitel bereits erläutert worden.

Tabelle 3.1: Wesentliche Daten des Prüfstands

Parameter	**Wert**
Länge des Stators	2 m
Länge des Läufers	0,3 m
Definierter maximaler Verfahrweg	1,5 m
Maximale Geschwindigkeit	1 m/s
Maximale Beschleunigung	12 m/s^2
Auflösung der Positionsmessung	1 μm
Maximalstrom	6 A
Versorgungsspannung (DC)	±24 V
Maximale Wirkleistung	1 100 W
Auflösung der Stromausgabe	0,1 mA
Prozesstaktrate	20 kHz

4 LHSM mit konstanter magnetischer Erregung

In diesem Kapitel werden Methoden behandelt, deren Anwendung sich auf einen herkömmlichen LHSM ohne Zusatzspulensystem beziehen. Der Fokus dieser Methoden liegt dabei besonders auf der Reduzierung von Kraftschwankungen. Diesbezüglich soll zum einen der Stand der Technik abgebildet und für den LHSM in Erweiterung angewendet werden. Außerdem soll auch untersucht werden, in wie weit sich die in diesem Kapitel erzielten Ergebnisse von dem optimierten LHSM mit Zusatzmagnetkreis (siehe Kapitel 5) unterscheiden. Damit kann auch eine Aussage getroffen werden, ob sich der Aufwand der konstruktiven Modifikation überhaupt lohnt.

Ein herkömmlicher Motor ohne Zusatzmagnetkreis ist in Abbildung 3.1 dargestellt. Um einen solchen Antrieb mit äquivalenten Eigenschaften zu realisieren, werden einfach die Zusatzspulen des LHSM-Prototypen mit einem konstanten Strom von 2 A angesteuert. Das bedeutet, dass ein konstanter magnetischer Erregerfluss vorhanden ist, der als permanentmagnetbedingter Fluss betrachtet werden kann. Daher ist in diesem Kapitel nur das Hauptspulensystem als Stellgröße für das Verhalten des LHSM relevant.

Für den LHSM mit konstanter Erregung werden nach Analyse des Stands der Technik drei erfolgversprechende Methoden ausgewählt, um die Betriebseigenschaften mit besonderem Fokus auf die Kraftschwankungen des Antriebs zu optimieren:

1. Die Optimierung der Lastwinkel ist eine Methode, die primär das dynamische Verhalten des LHSM verbessert und in Abschnitt 4.1 vorgestellt wird. Aus den verbesserten dynamischen Eigenschaften wird als Nebeneffekt eine Reduzierung der Kraftschwankungen angestrebt.
2. Die Kompensation der permanentmagnetbedingten Rastkräfte durch eine Vorsteuerung ist eine häufig eingesetzte Methodik und wird für den LHSM in Abschnitt 4.2 angewendet und getestet.

3. Eine freie, optimierte und nichtsinusförmige Kommutierung unter Verwendung von identifizierten Kraftfunktionen wird in Abschnitt 4.3 erarbeitet, um die strombedingte Kraftwelligkeit zu reduzieren.

4.1 Optimierung der Lastwinkel

4.1.1 Problemstellung

Der Lastwinkel (oder auch Kommutierungswinkel) ist zentraler Bestandteil des vorgestellten Ansatzes. Er ist die umgerechnete Phasenwegdifferenz zwischen der aktuellen Läuferposition und der Ruheposition, die mit den eingestellten Phasenströmen erreicht wird. Zum besseren Verständnis soll nochmals auf die Kommutierungsvorschrift in der Abbildung 3.14 verwiesen werden. Wenn sich der Läufer an der Stelle $s_{x,rel} = 0{,}75$ befindet, werden entsprechend der Kommutierung die normierten Initialisierungsströme ($i_1 = 1$, $i_2 = -0{,}5$ und $i_3 = -0{,}5$) eingestellt. Werden diese konstant gehalten, bewegt sich der Läufer in eine Ruheposition, die bei $s_{x,rel} = 1$ liegt. Das entspricht der Bewegung um eine viertel Zahnteilungsperiode oder einem umgerechneten Phasenwinkel von 90°. Der Lastwinkel ist folglich eine Eigenschaft, die durch die Kommutierung vorgegeben ist. Wie groß dieser sein sollte, um möglichst effizient mit maximaler Betriebskraft fahren zu können, soll in diesem Abschnitt geklärt werden.

Einflussfaktoren

Ausgehend von einer idealen sinusförmigen EMK, die mit der phasenwegabhängigen Kraftfunktion korrespondiert (siehe Abschnitt 4.3) kann es in der Realität eine Verschiebung der Kraftfunktion geben. Das bedeutet, dass der vermeintlich ideale Lastwinkel nicht mehr bei 90° liegt. Neben der Motorcharakteristik können zeitliche Verzögerungen der Kommutierungsströme das dynamische Betriebsverhalten des LHSM beeinflussen. Verantwortlich dafür sind die Leistungselektronik und Motorspulen, die aufgrund der Selbstinduktivität zu verzögerten Stromsollwerten führen. Zusätzlich tragen Latenzen bei der Auswertung des Positionsmesssystems sowie durch die Verarbeitungszeit der Echtzeithardware zu weiteren zeitlichen Verzögerungen bei. Dadurch ist bei Bewegung des Läufers der dann vorliegende Stromsollwert nicht mit der Kommutierung konform. Neben der elektrischen Verzögerung gibt es aufgrund der Hysterese des ferromagnetischen Materials von Läufer und Stator eine Phasenverschiebung der magnetischen Flussdichte gegenüber der Feldstärke. Die für die Antriebskraft relevante

Flussdichte erreicht dadurch das Maximum später als gerade benötigt, was zu einer verringerten Antriebskraft führt. Eine nähere Erläuterung dazu wird anhand der Darstellung von $B(H)$-Kennlinien in [18, S. 21] gegeben. Des Weiteren entstehen im dynamischen Betrieb auch Wirbelströme. Diese können als magnetische Induktivität betrachtet werden und bedeuten für den magnetischen Kreis geschwindigkeitsabhängige Verzögerungen [65]. Aufgrund von magnetischen Nichtlinearitäten kann es bei größeren Strömen zu veränderten magnetischen Zuständen und somit zu unterschiedlichen Kraftfunktionen kommen, was mit einer Lastabhängigkeit einhergeht. In diesem Zusammenhang ist auch die Tatsache zu nennen, wenn sich die Leistungsverstärker in der Spannungsgrenze befinden. Diese kann bei größeren Geschwindigkeiten und somit höheren EMK-Spannungen erreicht werden. Dadurch ist der Stromanstieg begrenzt, wodurch ein zusätzlicher Verzögerungseffekt entsteht.

Lösungsansätze

Als Konsequenz aller genannten Einflüsse kann nicht mehr die angedachte Antriebskraft erzeugt werden, wobei die Geschwindigkeit des Läufers einen entscheidenden Einfluss hat. Bei einer konstanten Verzögerung ΔT_V ändert sich die Position Δs_x proportional zur Geschwindigkeit v_x:

$$\Delta s_x = v_x \cdot \Delta T_V \tag{4.1}$$

Bei Betrachtung des Stands der Technik bietet die Vektorregelung eine Möglichkeit, dieses Problem zu lösen. Das Grundprinzip besteht darin, dass der krafterzeugende Stromvektor sowie der Vektor des Erregerfeldes als Raumzeiger dargestellt werden. Unter der Bedingung, dass die Phasenströme zur Verfügung stehen, kann der rechte Winkel zwischen diesen beiden Komponenten aktiv geregelt werden. Als Vektorregelung wird in [144] anhand eines Simulationsmodells die feldorientierte Regelung für eine lineare Synchronmaschine vorgestellt. In [145] kommt die direkte Selbstregelung für eine rotatorische Synchronmaschine zum Einsatz. Diese Methoden werden in Kombination mit PWM-Endstufen eingesetzt. Da in dem vorhandenen Prüfstandsaufbau analoge Leistungsverstärker zur hochgenauen Stromregelung verwendet werden, ist diese Möglichkeit hier nicht empfehlenswert. Außerdem entstehen bei der digitalen Signalwandlung und durch Stromsensoren ebenfalls Latenzen.

In [104] wird die Verzögerungszeit ΔT_V ermittelt, welche sich aus der Stromdynamik sowie der Zykluszeit des Controllers ergibt. Diese wird dann mit der aktuellen Geschwindigkeit multipliziert, um den während der Verzögerung zurückgelegten Phasenweg entsprechend Gleichung (4.1) zu bestimmen. Umgerechnet in einen Phasenwinkel kann die Verzögerungszeit in den Sinusfunktionen der Kommutierung berücksichtigt werden. Dieser zusätzliche Lastwinkel ergibt sich somit als linear abhängige Funktion von der Geschwindigkeit. Jedoch kann nicht davon ausgegangen werden, dass der LHSM eine solche ideale Linearität aufweist. Zusätzlich zur Stromsollwertverzögerung entstehen Latenzen bei dem Aufbau des magnetischen Feldes durch die bereits erwähnten Hystereseeffekte und Wirbelströme.

Die Gebrauchsmusterschrift [35] für einen rotatorischen HSM stellt unter Berücksichtigung der realen dynamischen Eigenschaften des LHSM und ohne zusätzliche Sensorik ein Verfahren dar, um eine optimale Lastwinkel-Kennlinie zu ermitteln. Die Gebrauchsmusterschrift ist aus einem zurückliegenden Forschungsprojekt mit Pasim entstanden. Sie beruht darauf, dass der Motor durch einen Regler auf eine konstante Drehzahl gebracht wird und dabei ein bestimmtes durch Reibung verursachtes Lastmoment wirkt. Der Lastwinkel wird dabei vorgegeben, woraus eine bestimmte Stellgröße resultiert. Vergrößert sich diese, bedeutet das eine Verschlechterung der Effizienz. Daher wird nach der minimalen Stellgröße und dem korrespondierenden optimalen Lastwinkel gesucht. Diese Methode wird als Grundlage für den LHSM aufgegriffen, angepasst und um eine automatische Kennlinienermittlung erweitert.

Vorgehensweise

Wie in dem vorhergehenden Abschnitt angedeutet, wird ein zusätzlicher Phasenwinkel $\Delta\alpha$ zu den Argumenten der Kommutierungsfunktionen (3.1) hinzugefügt:

$$
\begin{aligned}
i_1 &= -I \cdot \sin\left(2\pi \cdot \frac{s_x}{T_Z} + \Delta\alpha\right) \\
i_2 &= -I \cdot \sin\left(2\pi \cdot \frac{s_x}{T_Z} + \frac{2}{3}\pi + \Delta\alpha\right) \\
i_3 &= -I \cdot \sin\left(2\pi \cdot \frac{s_x}{T_Z} + \frac{4}{3}\pi + \Delta\alpha\right).
\end{aligned}
\tag{4.2}
$$

Der absolute Lastwinkel α ergibt sich somit aus:

$$
\alpha = 90^\circ + \Delta\alpha\,. \tag{4.3}
$$

Im weiteren Verlauf wird der Differenzwinkel $\Delta\alpha$ als zu optimierender Lastwinkel bezeichnet. Die Vorgehensweise zu dessen Bestimmung soll mithilfe von skizzierten Strom-Lastwinkel-Kennlinien in Abbildung 4.1 erläutert werden. Eine grundsätzliche Bedingung ist, dass sich der Läufer mit einer konstanten Geschwindigkeit bewegt, damit die Lastkraft möglichst konstant bleibt. Eine Veränderung des Lastwinkels äußert sich nun darin, dass die Antriebskraft größer oder kleiner wird, was zur Folge hat, dass der Regler entsprechend eine kleinere bzw. größere Stellgrößenamplitude I ausgibt. Bei geeigneter Wahl des Lastwinkels $\Delta\alpha$ ergibt sich dann ein minimal erforderlicher Stellstrom. Dieser wird als optimaler Lastwinkel $\Delta\alpha_{opt}$ bezeichnet und variiert mit der Geschwindigkeit des Läufers. Für verschiedene Geschwindigkeiten ergeben sich dann unterschiedliche Minima. Letztendlich können die optimalen Lastwinkel in Abhängigkeit von der Geschwindigkeit bestimmt werden. Es muss hinzugefügt werden, dass sich mit der Erhöhung der Geschwindigkeit aufgrund von Reibkräften (siehe Abschnitt 5.1.3) auch die Lastkraft vergrößert. Die Lastkraft wird somit nicht isoliert betrachtet. Da bei den meisten Anwendungen keine konstante Lastkraft aufgebracht wird, sondern diese nur in Form einer Trägheitskraft in den Beschleunigungs- und Abbremsphasen vorliegt, ist dieser Einfluss jedoch weniger signifikant.

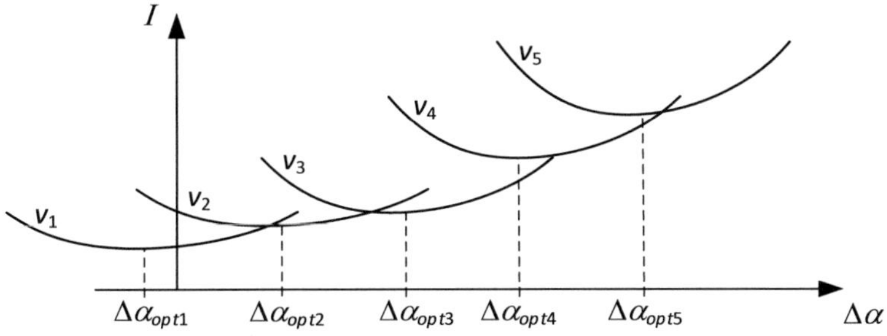

Abbildung 4.1: Variation der Stellgrößenamplitude durch Lastwinkeländerungen für verschiedene Geschwindigkeiten

4.1.2 Implementierung

Zur Ermittlung der optimalen Lastwinkel-Kennlinie können verschiedene Lastwinkel eingestellt und die dazugehörigen Stromverläufe gemessen werden. Nach der Aufbereitung und Auswertung der Messdaten lässt sich der optimale Lastwinkel ermitteln. Diese Vorgehensweise bedingt eine Vielzahl von Messungen. Um diesen Messaufwand zu reduzieren, wird eine iterative Bestimmung der optimalen Lastwinkel unter Verwendung eines Optimierungsverfahrens durchgeführt.

Der Ablaufzyklus für eine Iteration ist in Abbildung 4.2 dargestellt und soll näher erläutert werden. Zunächst ist festzulegen, für welche Geschwindigkeiten der Lastwinkel untersucht werden soll. Entsprechend der Eigenschaften des Antriebs (siehe Abschnitt 3.7) wird der Bereich von -1 bis $1\,\mathrm{m/s}$ festgelegt. Ein PID-Geschwindigkeitsregler sorgt dafür, dass sich der Läufer dann mit einer bestimmten Geschwindigkeit bewegt. Die Ist-Geschwindigkeit wird über die Ableitung des Positionssignals und anschließender Tiefpass-Filterung zur Verfügung gestellt (siehe Abschnitt 5.3.1). Die erste Iteration beginnt mit einem initialen Lastwinkel $\Delta\alpha$, der sich aus der unteren Schranke $\Delta\alpha_{min}$ und der oberen Schranke $\Delta\alpha_{max}$ ergibt. Mit diesem werden die Kommutierungsfunktionen (4.2) angepasst. Die berechneten Phasenströme werden dann auf die Motorspulen gegeben.

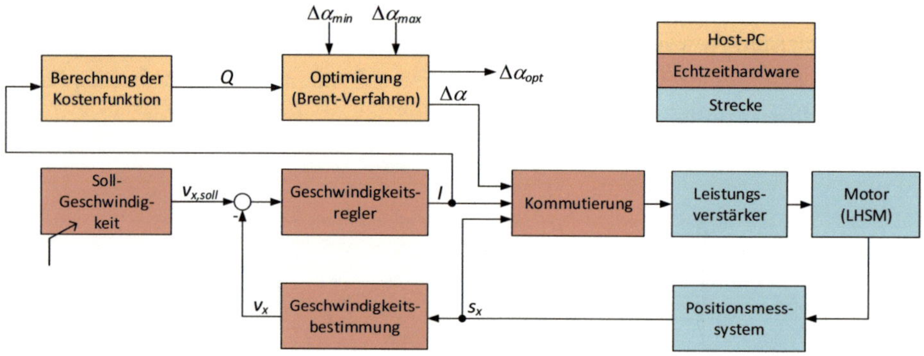

Abbildung 4.2: Blockschaltbild zur Optimierung des Lastwinkels

Nachdem der Läufer eine bestimmte Zeitdauer gefahren ist, können die relevanten Messdaten der Stellgröße I_k an den Host-PC übergeben werden. Hier erfolgt die Berechnung einer Gütefunktion Q, die sich unter Berücksichtigung von M Messfahrten wie folgt ergibt:

$$Q(I) = \sum_{i=1}^{M} \left[\left(\sum_{k=1}^{N} I_k \cdot \frac{1}{N} \right)^2 \right] \cdot \frac{1}{M} . \tag{4.4}$$

Dabei ist eine Messfahrt durch N Messdaten charakterisiert und es wird eine quadratische Gütefunktion genutzt. Bei mehreren Messfahrten M wird der Mittelwert der jeweiligen Gütewerte gebildet. Bei der Auswahl der Messdaten ist darauf zu achten, dass der Läufer die Soll-Geschwindigkeit $v_{x,soll}$ besitzt. Die Abbildung 4.3 zeigt die gemessene Stellgröße für eine Geschwindigkeit von 0,5 m/s. Für die Berechnung des Gütewertes (4.4) sind ausgehend von den Messdaten weitere Signalverarbeitungsschritte erforderlich. Die aufgrund der Kraftschwankungen hohe Welligkeit des Stromverlaufs wird zunächst mit einem Tiefpass gefiltert, sodass der konstante Stellgrößenaufwand herausgestellt wird. Um den Beschleunigungsvorgang auszublenden, werden außerdem nur Daten im eingeschwungenen Zustand verwendet. Aus dem selektierten Datensatz wird dann der Gütewert Q berechnet und an den Optimierer übergeben. Unter der Annahme, dass nur eine Messfahrt durchgeführt wird, kann die Minimierung der Gütefunktion unter Verwendung von Gleichung (4.4) folgendermaßen formuliert werden:

$$\min_{\Delta\alpha} \quad Q(I) = \left(\sum_{k=1}^{N} I_k(\Delta\alpha) \cdot \frac{1}{N} \right)^2 . \tag{4.5}$$

Als Optimierungsmethode wird das Brent-Verfahren eingesetzt. Dabei handelt es sich um eine Bracketing-Methode, die dadurch gekennzeichnet ist, das Minimum innerhalb von definierten Schranken zu finden. Die Brent-Methode beruht auf dem Bisektions- und Sekantenverfahren und kann, wie hier vorliegend, für eindimensionale Optimierungsprobleme genutzt werden [24]. Ein Vergleich mit anderen Bracketing-Methoden, wie Fibonacci [42] oder Goldener Schnitt [66] zeigte in den Untersuchungen [34, 136] eine deutliche Überlegenheit des Brent-Verfahrens. Dies betrifft vor allem die Anzahl der notwendigen Iterationen sowie die Varianz des Optimums.

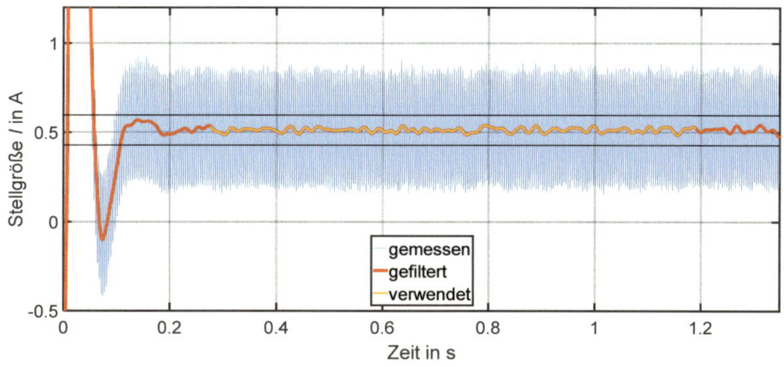

Abbildung 4.3: Stellgrößenverlauf bei einer Soll-Geschwindigkeit von 0,5 m/s

Nach der Ausführung der Optimierung wird ein neuer zu untersuchender Lastwinkel vorgegeben, der den alten Lastwinkel in der Kommutierung ersetzt. Dieser Prozess wiederholt sich und endet dann, wenn die Änderung des optimalen Lastwinkels geringer als eine vorgegebene Toleranz ist. Der dann ermittelte Lastwinkel wird mit der dazugehörigen Geschwindigkeit gespeichert. Durch eine äußere Zählschleife werden alle Geschwindigkeitswerte abgearbeitet und jeweils der optimale Lastwinkel ermittelt.

Um die Eigenschaften des vorliegenden Optimierungsproblems zu verdeutlichen, sind die Gütefunktionen aus Gleichung (4.5) exemplarisch für drei verschiedene Geschwindigkeiten in Abbildung 4.4 dargestellt. Aufgrund des äußerst flachen Verlaufs im Bereich des Minimums können mehrere potentielle Optima in Betracht kommen. Außerdem kann eine Zeitvarianz der Eigenschaften des LHSM beobachtet werden, was zur Beeinflussung des Stellaufwands beiträgt. Gründe für ein solches variantes Verhalten sind die Motorerwärmung sowie elektromagnetische Effekte. Aus diesen Gründen besitzt der optimale Lastwinkel eine relativ hohe Standardabweichung von ca. 13 % (siehe Anhang A.2). Bei dem Brent-Verfahren ist diese im Vergleich zu den anderen untersuchten Bracketing-Methoden am geringsten [136].

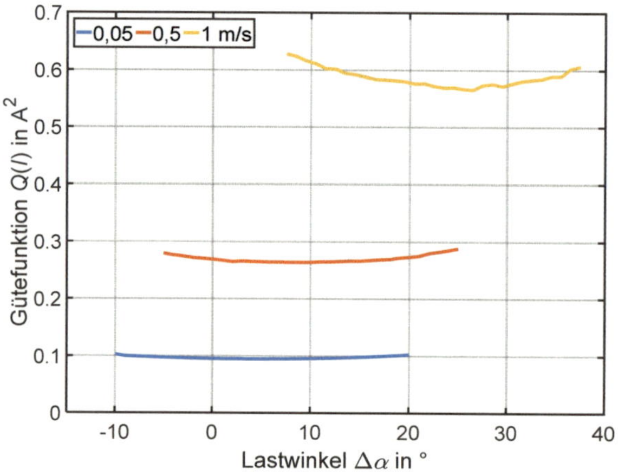

Abbildung 4.4: Gütefunktionen für drei verschiedene Geschwindigkeiten bei einer Messfahrt ($M = 1$)

4.1.3 Optimierte Lastwinkel-Kennlinie

Um die Gesamtausführungszeit der Optimierung möglichst gering zu halten, wird die Anzahl der zu untersuchenden Geschwindigkeiten so gewählt, dass die Lastwinkel-Kennlinie ohne Informationsverlust abgebildet werden kann. Schließlich werden im Bereich von 0 bis 1 m/s zehn nicht äquidistante Stützstellen ausgewählt.

Die Optimierung kann mit verschiedenen Optionen durchgeführt werden, die nachfolgend kurz erläutert werden sollen. Da gewöhnlich eine höhere Anzahl von Messungen zufällige Messfehler verringert [51], wird die Anzahl der Messfahrten pro Iteration variiert. Es sei vorweggenommen, dass sich dabei keine wesentlichen Unterschiede ergeben, weshalb auf eine genauere Darstellung verzichtet wird.

Grundlegend kann davon ausgegangen werden, dass sich der LHSM bei Fahrten in positiver und negativer Richtung identisch verhält. Daher besteht eine Messung zunächst aus Vorwärts- und Rückwärtsfahrt, die für die Berechnung der Gütewerte verwendet wird. Daraus ergibt sich für die Gesamtkennlinie ein spiegelsymmetrischer Verlauf bezüglich der Ordinatenachse. Alternativ können die Lastwinkel separat für positive als auch negative Richtungen optimiert werden, womit sich die Anzahl der Optimierungsläufe auf 20 verdoppelt. Diese richtungsabhängige Optimierung besitzt dann keinen spiegelsymmetrischen Verlauf, wie man in den Ergebnissen der optimalen Lastwinkel-Kennlinie in Abbildung 4.5 sehen kann. Um den Einfluss der Varianz des Gütewertes als Ursache für die unterschiedlichen Ergebnisse auszuschließen, werden jeweils fünf Kennlinien ermittelt und deren Mittelwert gebildet. Als Erkenntnis aus den Untersuchungen kann festgehalten werden, dass der LHSM richtungsabhängige Eigenschaften besitzt.

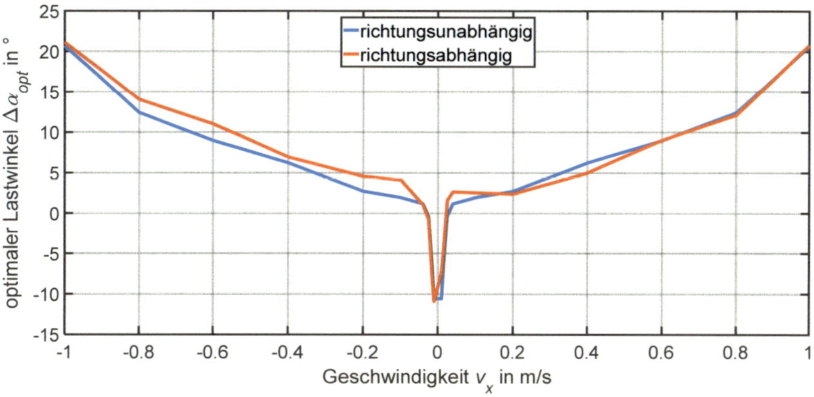

Abbildung 4.5: Optimierte Lastwinkel-Kennlinien

Eine weitere Besonderheit wird deutlich, wenn man sich die Kennlinie im Bereich kleiner Geschwindigkeiten betrachtet. Hier entsteht ein sprungartiger Anstieg des optimalen Lastwinkels bei gleichzeitigem Vorzeichenwechsel. Aus diesem Grund ist in diesem Bereich die Stützstellendichte höher als bei größeren Geschwindigkeiten, wo sich ein parabolischer Verlauf der Kennlinie zeigt. Die Kennlinien werden nun in Form von Look-Up-Tabellen in die Echtzeitumgebung implementiert, damit der optimale geschwindigkeitsabhängige Lastwinkel für die Kommutierungsfunktionen (4.2) verwendet werden kann.

4.1.4 Bewertung der Ergebnisse

Mit der Implementierung der modifizierten Kommutierung kann ein Vergleich mit der ursprünglichen Kommutierung (3.1), die durch einen konstanten Lastwinkel ($\Delta\alpha = 0$) gekennzeichnet ist, durchgeführt werden. Die Anwendung der beiden in Abbildung 4.5 dargestellten Kennlinien führt zu keinen relevanten Unterschieden, was u.a. daran liegt, dass diese innerhalb der jeweiligen Streubereiche liegen. Für die Validierung wird schließlich die richtungsabhängige Kennlinie ausgewählt. Dabei werden drei unterschiedliche Soll-Geschwindigkeiten als Sprünge in jeweils positiver und negativer Richtung innerhalb einer Validierungsfahrt vorgegeben. Mit dem letzten Geschwindigkeitswert von 1,2 m/s wird ein Überschreiten der im herkömmlichen Betrieb vorherrschenden Maximalgeschwindigkeit provoziert. Bei Betrachtung des ersten Sollwertes von 0,8 m/s sind sowohl im Geschwindigkeits- als auch Stellgrößenverlauf (siehe Abbildung 4.6) noch keine Unterschiede erkennbar. Bei 1 m/s ist dann schon eine geringere Einschwingzeit der Kommutierung mit optimierten Lastwinkel, besonders im Stellgrößenverlauf, festzustellen.

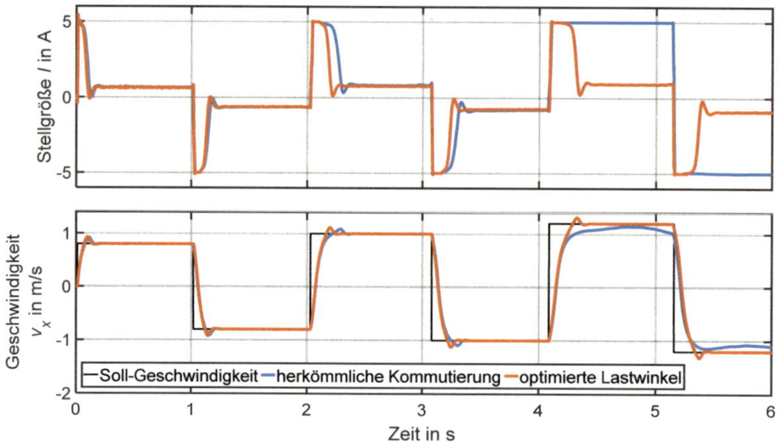

Abbildung 4.6: Validierung der optimierten Lastwinkel-Kommutierung

Bei der Geschwindigkeit von 1,2 m/s werden die Grenzen der herkömmlichen Kommutierung deutlich, da hier der Sollwert nicht erreicht wird. Damit verbunden ist das dauerhafte Verbleiben in der softwaretechnisch gesetzten Stellgrößenbegrenzung von ±5 A. Wie man sehen kann, ist der Geschwindigkeitsverlauf bis ca. 1 m/s nahezu identisch. Für das Beschleunigen auf 1,2 m/s können bei der optimierten Lastwinkel-Kommutierung darüber hinaus noch ausreichend Kraftreserven zur Verfügung gestellt werden. Damit wird deutlich, dass sich v.a. bei großen Geschwindigkeiten das Verhältnis Kraft pro Stromstärke mithilfe der optimierten Lastwinkel-Kennlinie erhöht.

Das vorgestellte Verfahren zielt darauf ab, die Ansteuerung des Motorstroms im Hinblick auf maximale Effizienz im dynamischen Betrieb zu optimieren. Das bedeutet, dass für eine bestimmte Lastkraft eine geringere Stellgröße erforderlich ist und im Umkehrschluss kann eine größere Maximalkraft erreicht werden. Zu reduzierten Kraftschwankungen kann es nur dann kommen, wenn die Stromstärke im Vergleich zur herkömmlichen Kommutierung deutlich abnimmt. Da im Betriebsbereich bis 1 m/s die Stromverläufe sehr ähnlich sind, gibt es daher nur marginale Unterschiede bezüglich der Kraftschwankungen. Um eine Verbesserung der dynamischen Eigenschaften im Betrieb mit großen Geschwindigkeiten zu erreichen, eignet sich das vorgestellte Verfahren sehr gut.

4.2 Kompensation der Rastkräfte

Die Kompensation von Rastkräften zielt darauf ab, die durch Permanentmagnete verursachten Kraftschwankungen zu reduzieren. Der grundlegende Gedanke beruht darauf, dass der Rastkraftverlauf ortsperiodisch ist und somit identifiziert werden kann. Grundsätzlich ist dafür eine externe Positioniereinrichtung erforderlich, welche den Läufer ohne Bestromung des zu untersuchenden Motors verschieben kann. An diskreten Orten kann dann mittels Kraftmessdose, wie in [131], die Kraft aufgenommen werden. Ohne Kraftsensor wird in [110] der Stellgrößenverlauf für einen linearen Synchronmotor in Abhängigkeit von der Position ermittelt und dann als zusätzliches Vorsteuersignal verwendet. Diese Vorgehensweise soll hier aufgegriffen und für den LHSM zur Anwendung gebracht werden.

4.2.1 Identifikation des Rastkraftverlaufs

Für die Identifikation des Rastkraftverlaufs wird anstelle der Kraft die dazu proportionale Stellgröße I in Abhängigkeit von der Läuferposition gemessen. Zur kontinuierlichen Aufnahme der Position wird der Läufer mit einer konstanten Geschwindigkeit von ± 1 mm/s bewegt. Durch die geringe Geschwindigkeit werden Störeinflüsse, wie

Reibung und Trägheitskräfte möglichst gering gehalten. Der Verlauf einer geschwindigkeitsgeregelten Fahrt des Läufers in negativer Richtung ist in Abbildung 4.7 für eine Wegstrecke von einem Meter dargestellt.

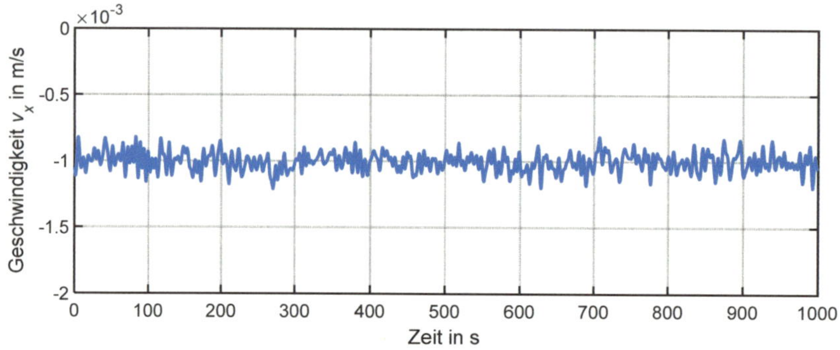

Abbildung 4.7: Geschwindigkeitsverlauf zur Rastkraft-Identifikation

Neben der Rastkraft F_{Rast} muss durch den Motor die vorhandene Reibkraft F_R überwunden werden. Allerdings ist Kontaktreibung zwischen Läufer und Stator aufgrund der Luftlagerung auszuschließen. Vielmehr äußern sich Ummagnetisierungsverluste, die als Reibkräfte modelliert werden können (siehe Abschnitt 5.1.3). Die Antriebskraft ergibt sich schließlich bei Fahrt mit konstanter Geschwindigkeit zu:

$$F_A = F_{Rast} + F_R \,. \tag{4.6}$$

Unter der Annahme, dass die Reibkräfte in beiden Fahrtrichtungen betragsmäßig gleich sind, kann durch Bildung des Mittelwerts aus positiver und negativer Messfahrt die Rastkraft wie folgt ermittelt werden:

$$\frac{F_{A,pos} + F_{A,neg}}{2} = F_{Rast} \,. \tag{4.7}$$

Da weiterhin der Rastkraftverlauf ortsperiodisch ist, ergibt sich eine Vielzahl von Verläufen bezüglich der Zahnteilungsperiode $T_Z = 5$ mm. Daher wird eine Projektion auf den Phasenweg durchgeführt, der sich aus der Position s_x durch Restwertbildung wie folgt ergibt:

$$s_{x,ph} = \mathrm{mod}(s_x, T_Z) \,. \tag{4.8}$$

In Abbildung 4.8 sind zunächst alle gemessenen Stellströme bezüglich des Phasenweges übereinandergelegt. Aus diesen wird dann jeweils für die positive und negative Fahrtrichtung ein durchschnittlicher Verlauf ermittelt. Diese werden dann wiederum gemittelt, woraus sich der resultierende Stellgrößenbedarf zur Überwindung der Rastkräfte ergibt. Eine Spiegelung um die Abszisse bildet dann die vorliegenden Rastkräfte ab und der Abstand zu den Messkurven kann als Reibungsoffset betrachtet werden. Es sind dabei sechs Schwingungsperioden innerhalb des Phasenweges zu beobachten, wovon jedes Phasenmodul für zwei Perioden verantwortlich ist [48, S. 19].

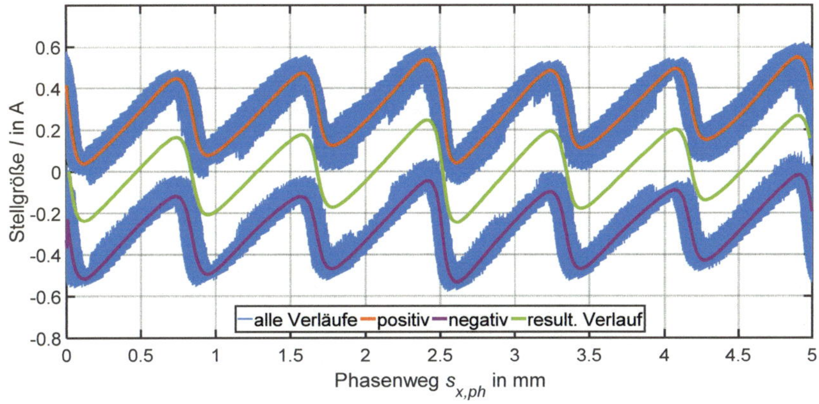

Abbildung 4.8: Positionsabhängiger Stromverlauf zur Kompensation der Rastkräfte

Damit ist der Stromverlauf zur Kompensation der Rastkraft in Abhängigkeit von der Position vorhanden und kann zusätzlich zu dem Reglerausgang als Vorsteuersignal aufaddiert werden:

$$I = I_{Regler} + I_{Rast}(s_x)\,. \tag{4.9}$$

Für die Implementierung können Daten des Kompensationsstroms aus Abbildung 4.8 mit reduzierter Stützstellenanzahl als Look-Up-Tabelle hinterlegt werden. Um die dafür notwendigen Ressourcen zu sparen, kann auch eine analytische Funktion verwendet werden. Am besten eignet sich dabei eine trigonometrische Ansatzfunktion, die sich als Fourier-Reihe darstellen lässt:

$$\begin{aligned} I_{Rast,an}(s_x) = \sum_{k=1}^{N} \Bigg[& p_{Rast,k} \cdot \sin\left(p_{Rast,k+2} \cdot 2\pi \frac{s_x}{T_Z} \right) \\ & + p_{Rast,k+1} \cdot \cos\left(p_{Rast,k+2} \cdot 2\pi \frac{s_x}{T_Z} \right) \Bigg]. \end{aligned} \tag{4.10}$$

Wenn der in Abbildung 4.8 gezeigte numerische Verlauf des Kompensationsstroms $I_{Rast,num}$ als Referenz herangezogen wird, können die Parameter von Gleichung (4.10) darauf angepasst werden. Unter Zuhilfenahme der MATLAB-Funktion `lsqnonlin` wird das unbeschränkte Optimierungsproblem mit der quadratischen Gütefunktion Q aufgestellt und gelöst [80]:

$$\min_{\mathbf{p}_{Rast}\in\mathbb{R}^9} \quad Q = \left(I_{Rast,num} - I_{Rast,an}\right)^2 . \tag{4.11}$$

Als Kompromiss aus Genauigkeit und Aufwand wird eine Ordnung von $N = 3$ verwendet, woraus sich eine Parameterzahl von neun ergibt. Das dazugehörige Resultat der Optimierung ist in Abbildung 4.9 zu sehen und zeigt eine gute Übereinstimmung mit dem numerischen Verlauf des Kompensationsstroms.

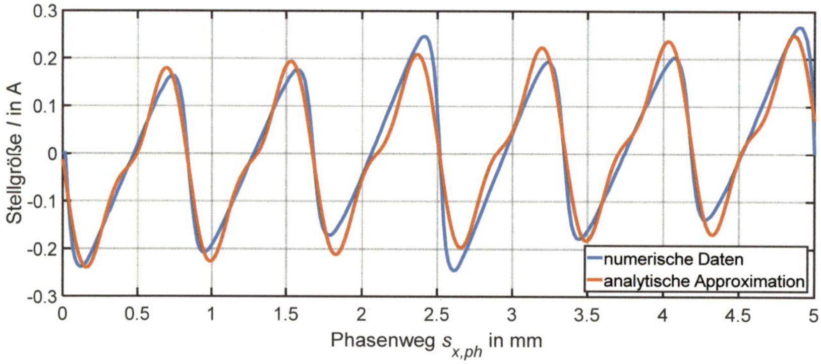

Abbildung 4.9: Kompensationsstrom, der numerisch bestimmt und mit einer analytischen Funktion approximiert worden ist

4.2.2 Bewertung der Ergebnisse

Die Rastkraft-Kompensation wird in Form der analytischen Funktion (4.10) in die Prozesssteuerung integriert und kann anschließend im Betrieb zugeschaltet werden. Für eine erste Analyse wird der Läufer auf eine Geschwindigkeit von ±50 mm/s geregelt. In Abbildung 4.10 sind die dazugehörigen Verläufe des Reglerausgangs sowie der Horizontalschwingung des Läufers dargestellt. Dabei wird einmal die Rastkraft-Kompensation deaktiviert, um deren Einfluss beurteilen zu können. Zum einen verringert sich aufgrund der Vorsteuerung die Welligkeit der Stellgröße und zum anderen können die Schwingungen des Läufers in Horizontalrichtung reduziert werden.

Die Varianz der Rastkraftverläufe, die in Abbildung 4.8 zu sehen ist, verhindert eine größere Schwingungsreduktion. Ursachen dafür sind geometrische Toleranzen und inhomogene Werkstoffeigenschaften.

Zur allgemeineren Bewertung werden Geschwindigkeiten bis zu 0,5 m/s mit und ohne Rastkraft-Kompensation untersucht und dabei das Schwingungsverhalten des LHSM analysiert. Als Bewertungsgröße wird der Root-Mean-Square-Level (RMS-Level) eingeführt. Dieser lässt sich aus der Anzahl der Messdaten *N* für die Schwingungsbeschleunigung *a* wie folgt berechnen:

$$a_{RMS} = \sqrt{\frac{1}{N}\sum_{k=1}^{N} a_k^2}\,. \tag{4.12}$$

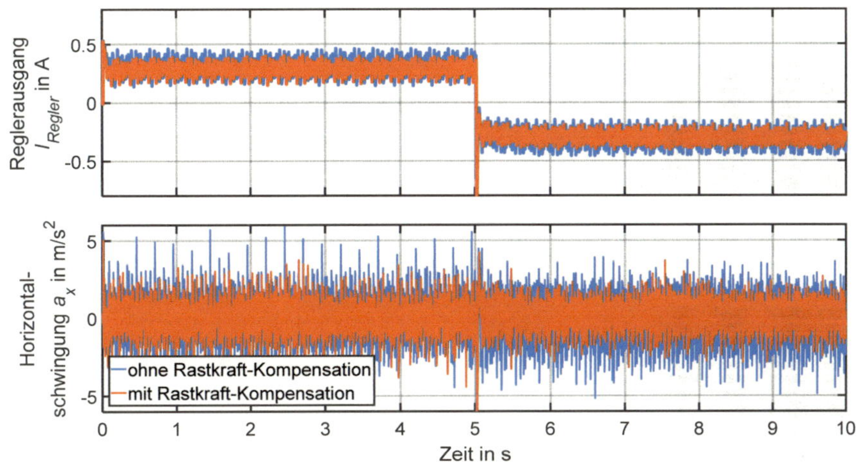

Abbildung 4.10: Auswirkungen der Rastkraft-Kompensation auf Reglerausgang und Horizontalschwingung

Mithilfe von Gleichung (4.12) wird jeweils die horizontale und vertikale Läuferschwingung für Fahrten mit verschiedenen Geschwindigkeiten berechnet. Die Ergebnisse sind in Abbildung 4.11 dargestellt.

In Horizontalrichtung (a_x) ist vor allem im unteren Geschwindigkeitsbereich eine Verringerung der Schwingungen zu erkennen. Mit steigender Geschwindigkeit lässt dieser Effekt nach und es kommt sogar zu einer Verschlechterung. Der Grund dafür ist, dass der Stellstrom größer wird und damit die Wirkung der Rastkräfte verhältnismäßig abnimmt. Hinzu kommt, dass der permanentmagnetbedingte Magnetfluss mit steigender Geschwindigkeit aufgrund von Ummagnetisierungsverlusten geringer wird [29]. Als

Folge sorgt die Vorsteuerung für eine erhöhte Unruhe, was sich auch auf die vertikalen Schwingungen a_z negativ auswirkt. Um dies zu verhindern, wird die Rastkraft-Kompensation mit einer Sigmoid-Funktion bewertet, die bis 0,2 m/s die Rastkraft-Kompensation vollständig erlaubt und ab ca. 0,3 m/s komplett unterdrückt. Die Folge davon ist, dass bis 0,25 m/s die Verbesserung ausgenutzt wird und bei größeren Geschwindigkeiten dasselbe Verhalten wie ohne Rastkraft-Kompensation vorliegt.

Um auf ändernde Betriebsbedingungen und Rastkrafteigenschaften reagieren zu können, zeigen [2, 60, 76] adaptive Verfahren, mit denen die Parameter der Kompensationsfunktion (4.10) angepasst werden können. Bei der hier gezeigten Varianz des Rastkraftverhaltens entlang des Stators sind allerdings äußerst schnelle Adaptionen notwendig und damit ist diese Erweiterung nur bedingt empfehlenswert.

Zusammenfassend kann gesagt werden, dass die Rastkraft-Kompensation für ein reduziertes Schwingungsverhalten des Läufers in Antriebsrichtung im unteren Geschwindigkeitsbereich bis 0,25 m/s sorgt.

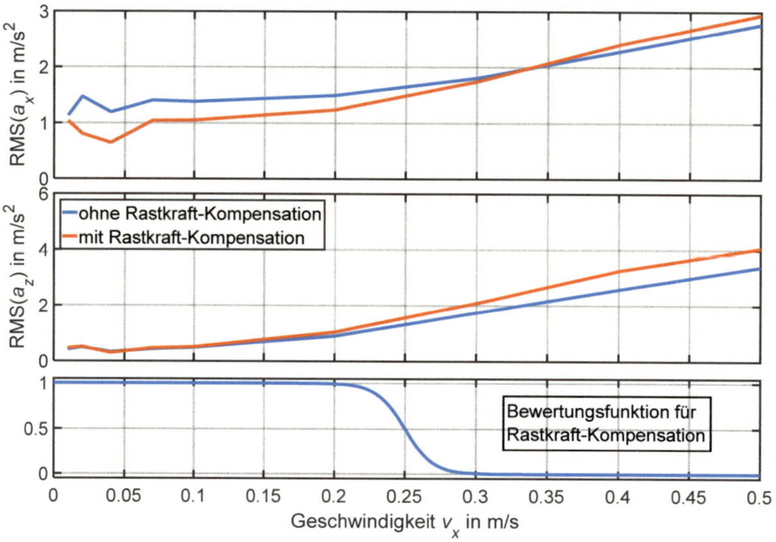

Abbildung 4.11: Auswertung der Rastkraft-Kompensation für Geschwindigkeiten bis 0,5 m/s

4.3 Optimierung der Kommutierung

Im vorherigen Abschnitt standen die Rastkräfte als eine Ursache von Kraftschwankungen im Mittelpunkt. Mit der in diesem Abschnitt gezeigten Methode soll die Kraftwelligkeit reduziert werden. Diese entsteht im Gegensatz zu Rastkräften, wenn der Motor eine Antriebskraft erzeugt. Im besten Fall ist die Antriebskraft entsprechend Gleichung (2.23) proportional zum Stellstrom und unabhängig von der Position des Läufers. Aufgrund von nichtidealen sinusförmigen Kraftfunktionen kommt es allerdings zu positionsabhängigen Kraftschwankungen.

Allgemein sind nur wenige Beiträge zu diesem Problem, v.a. für lineare Direktantriebe, in der Literatur zu finden. Ein optimierungsbasierter Ansatz zur Kommutierung der Ströme wird in [112] für einen überaktuierten Direktantrieb mit dem Freiheitsgrad sechs durchgeführt. Dabei liegt der Fokus v.a. auf der Reduzierung der Verlustleistung und der Wärmeerzeugung. Die für die Optimierung notwendigen Kraftfunktionen werden dabei als ideal sinusförmig angenommen. Dass es in der Realität Abweichungen von der Sinusform gibt und die Kraftfunktionen der einzelnen Phasen unterschiedlich zueinander sein können, wird in [110] an einem eisenlosen dreiphasigen Synchronlinearmotor gezeigt. In der genannten Arbeit werden die einzelnen Kraftfunktionen durch Messung der Phasenströme bei konstanter Belastung und Blockkommutierung identifiziert. Auf Basis der identifizierten Kraftfunktionen wird durch Minimierung der Verlustleistung eine optimierte sinusförmige Kommutierung auf Basis von Fourier-Reihen entwickelt.

Diese grundlegende Vorgehensweise wird in diesem Abschnitt aufgegriffen und für den LHSM angewendet, was in dieser Kombination so in der Literatur nicht zu finden ist und damit über den Stand der Technik hinausgeht. Insbesondere sind die Bedingungen zur Identifikation der Kraftfunktionen im Vergleich zu eisenlosen elektrodynamischen Antrieben deutlich schlechter. Die Vorgehensweise zur Optimierung der Kommutierung des LHSM erfolgt in zwei Stufen. Zunächst werden in einem ersten Schritt die Kraftfunktionen des LHSM durch Belastung mit Gewichten identifiziert. Die Identifikationsmethodik beruht dabei auf der Verwendung einer modifizierten sinusförmigen Kommutierung. Die dann vorliegenden Kraftfunktionen werden in einem zweiten Schritt benötigt, um ein Optimierungsproblem zu lösen. Bei der Optimierung wird die Forderung nach Kraftkonstanz in Antriebsrichtung berücksichtigt, was gleichbedeutend mit der Reduzierung von Kraftschwankungen ist. Das Ergebnis sind optimierte

Phasenströme, die als nichtlineare Kennlinien auf der Echtzeithardware hinterlegt werden und nach Anpassung des Stellsignals die bisher verwendete Sinuskommutierung ersetzen sollen.

4.3.1 Modell

Die Modellierung der Antriebskraft ist wesentlich für das hier vorgestellte Verfahren. Für den LHSM als elektromechanischer Wandler kann folgende Leistungsbilanz aufgestellt werden [109]:

$$F_A \cdot v_x = \sum_{p=1}^{3} u_{emk,p} \cdot i_p \,. \tag{4.13}$$

Die durch Bewegung entstehenden Induktionsspannungen $u_{emk,p}$ der drei Phasen sind positionsabhängig und entsprechen bei Division mit der Geschwindigkeit v_x den unbekannten zu identifizierenden Kraftfunktionen q_p, sodass die Antriebskraft des Motors wie folgt dargestellt werden kann:

$$F_A = \sum_{p=1}^{3} \frac{u_{emk,p}(s_x)}{v_x} \cdot i_p(s_x) = \sum_{p=1}^{3} q_p(s_x) \cdot i_p(s_x) \,. \tag{4.14}$$

Die Phasenströme i_p werden mit den Kommutierungsfunktionen c_p bestromt und lauten:

$$\begin{aligned}
i_1 &= -I \cdot \sin\left(2\pi \cdot \frac{s_x}{T_Z}\right) = I \cdot c_1(s_x) \\
i_2 &= -I \cdot \sin\left(2\pi \cdot \frac{s_x}{T_Z} + \frac{2}{3}\pi\right) = I \cdot c_2(s_x) \\
i_3 &= -I \cdot \sin\left(2\pi \cdot \frac{s_x}{T_Z} + \frac{4}{3}\pi\right) = I \cdot c_3(s_x) \,.
\end{aligned} \tag{4.15}$$

Durch Einsetzen der Phasenströme (4.15) in (4.14) kann die Antriebskraft F_A als vom Stellstrom I und der aktuellen Position s_x abhängige Größe dargestellt werden. Neben der Trägheit der Läufermasse m_L muss im dynamischen Betrieb zusätzlich Reibung überwunden werden. Aus Abschnitt 4.2.1 ist bekannt, dass eine reibungsäquivalente Modellierung der Ummagnetisierungseffekte erfolgen kann. Dafür wird der Coulombsche Ansatz verwendet, der aus einem Haftreibungsanteil F_H und aus viskoser Reibung mit dem Koeffizienten d_v besteht:

$$F_R = F_H \cdot \operatorname{sign}(v_x) + d_v \cdot v_x \quad \text{mit } v_x = \dot{s}_x \,. \tag{4.16}$$

Letztendlich kann unter Anwendung des zweiten Newtonschen Axioms eine Bewegungs-Differentialgleichung aufgestellt werden, wobei eine zusätzliche Lastkraft F_L noch zu berücksichtigen ist:

$$F_A(I, s_x) = m_L \cdot \ddot{s}_x + F_R + F_L \ . \tag{4.17}$$

Ein Blockschaltbild des Modells wird in Abbildung 4.12 vorgestellt. Durch die Kommutierung werden in Abhängigkeit der Stellgröße und der Läuferposition die Phasenströme berechnet, welche mit den drei positionsabhängigen Kraftfunktionen nach Gleichung (4.14) die Antriebskraft bestimmen. Die Bewegungsdynamik beinhaltet die DGL (4.17), welche durch numerische Simulation gelöst werden kann und als Ausgangsgröße die Position s_x zur Verfügung stellt.

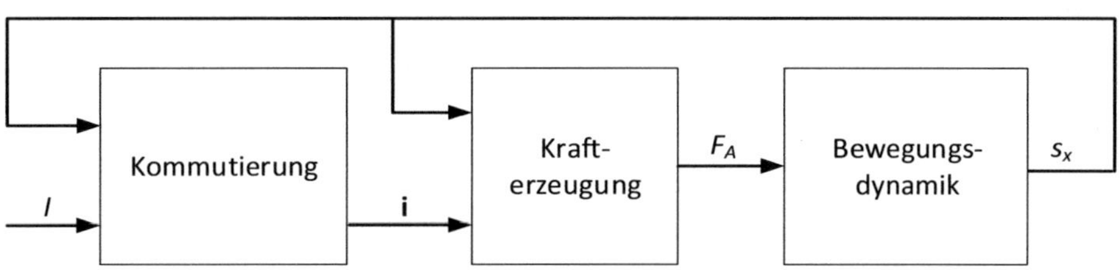

Abbildung 4.12: Blockschaltbild eines Modells für den LHSM

4.3.2 Identifikation der Kraftfunktionen

Die Voraussetzung zur Optimierung der Phasenströme ist, dass die Kraftfunktionen q_P bekannt sind. Eine genaue messtechnische Ermittlung bedingt den Einsatz eines Kraftsensors zusammen mit einer externen Positioniereinrichtung [104]. Dabei müsste exakter Weise ein Phasenmodul des Motors isoliert untersucht werden, indem es entlang des Phasenwegs positioniert und mit verschiedenen Stromstärken angeregt wird, um die entsprechende Antriebskraft zu messen. In dieser Arbeit wird dieser messtechnisch aufwendige Ansatz umgangen. Stattdessen wird eine Methodik angewandt, die nachfolgend erläutert werden soll.

Wie bei der Rastkraft-Identifikation (siehe Abschnitt 4.2) wird der Läufer mit einer konstant niedrigen Geschwindigkeit von 1 mm/s bewegt, um Trägheitskräfte auszuschließen, sodass sich Gleichung (4.17) zunächst vereinfacht zu:

$$F_A(I, s_x) = F_R + F_L \,. \tag{4.18}$$

Für das Erzeugen einer Lastkraft wird die Gewichtskraft definierter Massen verwendet, die an ein Stahlseil gehängt werden. Das Stahlseil ist über eine Umlenkrolle mit dem Läufer verbunden. Der dazugehörige angepasste experimentelle Aufbau ist in Abbildung 4.13 zu sehen. Die nun noch störende Reibkraft F_R in Gleichung (4.18) wird durch Messfahrten in positiver und negativer Richtung eliminiert, da die Richtung der Reibkraft und damit das Vorzeichen wechselt:

$$\begin{aligned} F_{pos} &= -|F_R| + F_L \\ F_{neg} &= +|F_R| + F_L . \end{aligned} \tag{4.19}$$

Die Addition der beiden Messfahrten führt dann schließlich auf:

$$\frac{F_{pos} + F_{neg}}{2} = F_L . \tag{4.20}$$

Die Vorgehensweise erinnert bis hier hin an die Identifikation der Rastkräfte (siehe Abschnitt 4.2.1), die auch als Lastkräfte betrachtet werden können. Der Unterschied ist allerdings, dass durch Belastung mit Gewichten der Stellstrom jenseits von null liegen soll.

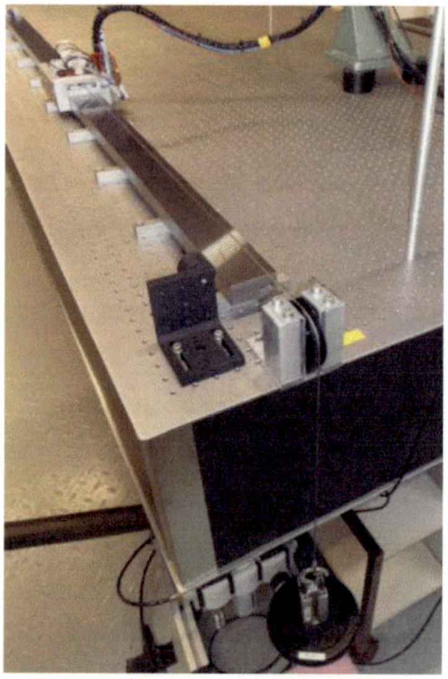

Abbildung 4.13: Experimenteller Aufbau zum Erzeugen verschiedener Lastkräfte

Unter Verwendung der Gleichungen (4.15) und (4.14) kann Gleichung (4.20) wie folgt geschrieben werden:

$$F_L = I_M \cdot \left(c_1(s_x)\cdot q_1(s_x) + c_2(s_x)\cdot q_2(s_x) + c_3(s_x)\cdot q_3(s_x)\right)$$
$$\text{mit } I_M = \frac{I_{pos} + I_{neg}}{2}. \tag{4.21}$$

Werden Messfahrten in positive und negative Richtung durchgeführt, kann (4.21) als Bestimmungsgleichung verwendet werden. Das Problem dabei ist, dass für drei unbekannte Kraftfunktionen q_1, q_2 und q_3 nur eine Gleichung existiert und damit eine Unterbestimmtheit vorliegt. Um weitere Gleichungen zu erhalten, werden die Kommutierungsfunktionen analog zu Abschnitt 4.1 mit einem Lastwinkel modifiziert, ohne aber darauf zu achten wie die Auswirkungen für den dynamischen Betrieb sind. Um mithilfe von Gleichung (4.21) eine eindeutige Lösung zu erhalten, werden schließlich neben der herkömmlichen Kommutierung mit $\Delta\alpha = 0$ zwei weitere Lastwinkel verwendet. Es entstehen dann drei Bestimmungsgleichungen:

$$\begin{aligned}
F_L &= I_{M,1} \cdot \left(c_1(s_x+\Delta\alpha_1)\cdot q_1(s_x) + c_2(s_x+\Delta\alpha_1)\cdot q_2(s_x) + c_3(s_x+\Delta\alpha_1)\cdot q_3(s_x)\right)\\
F_L &= I_{M,2} \cdot \left(c_1(s_x+\Delta\alpha_2)\cdot q_1(s_x) + c_2(s_x+\Delta\alpha_2)\cdot q_2(s_x) + c_3(s_x+\Delta\alpha_2)\cdot q_3(s_x)\right)\\
F_L &= I_{M,3} \cdot \left(c_1(s_x+\Delta\alpha_3)\cdot q_1(s_x) + c_2(s_x+\Delta\alpha_3)\cdot q_2(s_x) + c_3(s_x+\Delta\alpha_3)\cdot q_3(s_x)\right).
\end{aligned} \tag{4.22}$$

Als Gleichungssystem geschrieben ergibt sich schließlich

$$\mathbf{F}_L = \mathbf{C}(\mathbf{I}_M, s_x)\cdot \mathbf{q}(s_x). \tag{4.23}$$

Die Kommutierungsmatrix $\mathbf{C}(\mathbf{I}_M, s_x)$ kann aus den Messdaten an jeder Position s_x ermittelt werden. Dafür wird jeweils ein Gewicht mit entsprechender Last F_L aufgelegt und eine Fahrt in positiver und negativer Richtung durchgeführt. Wiederholt wird das Ganze für die beiden zusätzlichen Lastwinkel, welche mit $\pm 3°$ festgelegt werden. Zur Übersicht der Messkonfiguration ist Tabelle 4.1 mit den drei Lastwinkeln und sieben in Lastkräfte umgerechneten Gewichten aufgeführt.

Da der Läufer eine Wegstrecke von 0,1 m in jeweils eine Richtung zurücklegt, werden die Verläufe bei der Signalverarbeitung wieder auf den Phasenweg $s_{x,ph}$ (siehe Gleichung (4.8)) projiziert und gemittelt. Unter Verwendung der inversen Kommutierungsmatrix können dann die Kraftfunktionen berechnet werden:

$$\mathbf{q}(s_{x,ph}) = \mathbf{C}^{-1}(\mathbf{I}_M, s_{x,ph})\mathbf{F}_L. \tag{4.24}$$

Bisher wurde davon ausgegangen, dass die Kraftfunktionen lastunabhängig sind. Die mit Gleichung (4.24) ermittelten Kennlinien offenbaren allerdings, dass es deutliche

Unterschiede gibt. Eine Mittwertwertbildung für die Kraftfunktionen über den gesamten Lastbereich ist daher nicht sinnvoll. Exemplarisch ist in Abbildung 4.14 die Kraftfunktion q_1 der ersten Motorphase mit den verschiedenen Lastkräften dargestellt.

Tabelle 4.1: Messkonfiguration zur Bestimmung der Kraftfunktionen

Lastwinkel			
n	1	2	3
$\Delta\alpha_n$ in °	−3	0	3

Lastkraft							
k	1	2	3	4	5	6	7
$F_{L,k}$ in N	9,6	21,4	21,7	41,5	49,8	61,6	73,7

Vor allem in den unteren Lastbereichen sind sechsfache Oberwellen deutlich zu sehen, deren Ursache Rastkräfte sind. Die Oberwellen überlagern sich mit der idealerweise sinusförmig verlaufenden Grundwelle. Es ist auch zu erkennen, dass sich der Einfluss der Rastkräfte bei größer werdenden Lastbereichen verringert.

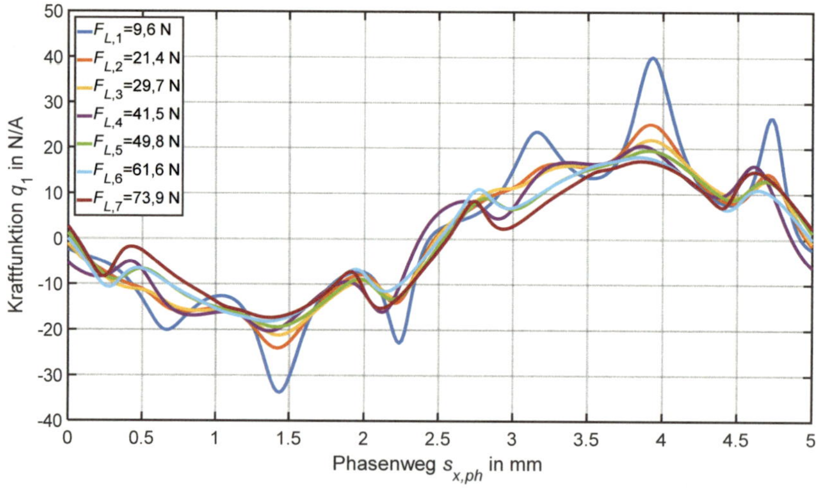

Abbildung 4.14: Identifizierte Kraftfunktionen des ersten Phasenmoduls

Die Ergebnisse zeigen weiterhin, dass die Kraftfunktionen der drei Phasen, wie zu erwarten, einen ungleichmäßigen Verlauf aufweisen, der sich in Form, Amplitude und Phase unterscheidet. Diese Abhängigkeit von der Belastung des LHSM muss für die weitergehende Betrachtung berücksichtigt werden, sodass Gleichung (4.14) angepasst wird:

$$F_A = \sum_{p=1}^{3} q_p(s_{x,ph}, F_L) \cdot i_p \,. \tag{4.25}$$

Um den gesamten Lastbereich zu erfassen, wird eine Interpolation der drei lastabhängigen Kraftfunktionen durchgeführt. Da die Messungen nur für positive Lastkräfte gemacht worden sind, d.h. der Läufer wurde nur in eine Richtung belastet, ist es erforderlich den negativen Lastbereich einzubeziehen. Unter der Annahme, dass die Kraftfunktionen für negative Lastkräfte identisch sind, gilt dann

$$\mathbf{q}(s_{x,ph}, -F_L) = \mathbf{q}(s_{x,ph}, F_L) \,. \tag{4.26}$$

Das bedeutet visuell, dass die interpolierten Kraftfunktionen entlang der Lastachse gespiegelt werden. Damit liegen numerische Daten der Kraftfunktionen als dreidimensionale Kennlinien vor, die im weiteren Verlauf für die Optimierung der Kommutierung benötigt werden.

4.3.3 Optimierte Phasenströme

Die Forderung nach einer konstanten Antriebskraft F_K unter Verwendung der identifizierten Kraftfunktionen kann mithilfe von Gleichung (4.25) nun folgendermaßen formuliert werden:

$$F_A = \sum_{p=1}^{3} q_p(s_{x,ph}, F_L) \cdot i_{opt,p}(s_{x,ph}, F_L) = F_K \,. \tag{4.27}$$

Die bisher von der Kommutierung vorgegebenen Phasenströme sollen hier durch ein zu bestimmendes Stromtripel $\mathbf{i}_{opt}(s_{x,ph}, F_L)$ ersetzt werden, welches die Forderung nach Kraftkonstanz bestmöglich erfüllt. Dafür wird als Gütefunktion, wie in den Arbeiten von [109] und [112], die ohmsche Verlustleistung verwendet. Diese ergibt sich aus der Summe der drei Phasen zu:

$$Q = P_{Verl} = \sum_{p=1}^{3} u_p \cdot i_{opt,p} = \sum_{p=1}^{3} R_p \cdot i_{opt,p}^2 \,. \tag{4.28}$$

Die vorliegende Gütefunktion vereinfacht sich, wenn davon ausgegangen wird, dass die Widerstände der Spulen identische Werte besitzen und damit nur für eine Skalierung sorgen. Des Weiteren kann die Lastkraft F_L mit der gewünschten Antriebskraft F_K ersetzt werden. Diese ist für die zu optimierenden Phasenströme das Äquivalent zu dem Stellstrom I und wird daher als Stellkraft bezeichnet. Die geforderte Kraftkonstanz in Antriebsrichtung, ausgedrückt durch (4.27), wird als Nebenbedingung in einem beschränkten nichtlinearen Optimierungsproblem zur Minimierung der Verlustleistung (4.28) berücksichtigt. Als zweite Nebenbedingung wird die Topologie der Sternschaltung beachtet, bei der die Summe der Phasenströme null ergibt. Schließlich werden die Ströme betragsmäßig auf einen Wert von $I_{Lim} = 5$ A begrenzt. Damit lautet das Optimierungsproblem:

$$\begin{aligned}
&\min_{\mathbf{i}_{opt} \in \mathbb{R}^3} \quad P_{Verl} = i_{opt1}^2(s_{x,ph}, F_K) + i_{opt2}^2(s_{x,ph}, F_K) + i_{opt3}^2(s_{x,ph}, F_K) \\
&\text{u.B.v. (1): } F_A = \sum_{p=1}^{3} q_p(s_{x,ph}, F_K) \cdot i_{opt,p}(s_{x,ph}, F_K) = F_K \\
&\qquad (2): \quad 0 = i_{opt1} + i_{opt2} + i_{opt3} \\
&\qquad (3): -I_{Lim} \leq \mathbf{i}_{opt} \leq I_{Lim} \,.
\end{aligned} \tag{4.29}$$

Um dieses zu lösen, wird die MATLAB-Funktion `fmincon` verwendet [79]. Die Eingangsdaten der Optimierung sind dabei der Phasenweg $s_{x,ph}$ mit 301 Stützstellen innerhalb von 0 bis 5 mm und die Stellkraft F_k mit 57 Stützstellen in dem für die Identifikation verwendeten Lastbereich von −73,9 bis 73,9 N. In diesem zweidimensionalen Eingangsraum werden dann die Phasenströme optimiert und man erhält als Ergebnis nichtlineare Stromfunktionen, die in Form von Look-Up-Tabellen dargestellt und implementiert werden können:

$$\mathbf{i}_{opt} = \mathbf{f}_{opt}(s_{x,ph}, F_K)\,. \tag{4.30}$$

Exemplarisch wird die optimierte Stromfunktion für die erste Motorphase in Abbildung 4.15 gezeigt. Auffallend dabei sind Oberwellen, die als Folge der identifizierten Kraftfunktionen entstehen und sich mit der sinusähnlichen Grundwelle überlagern.

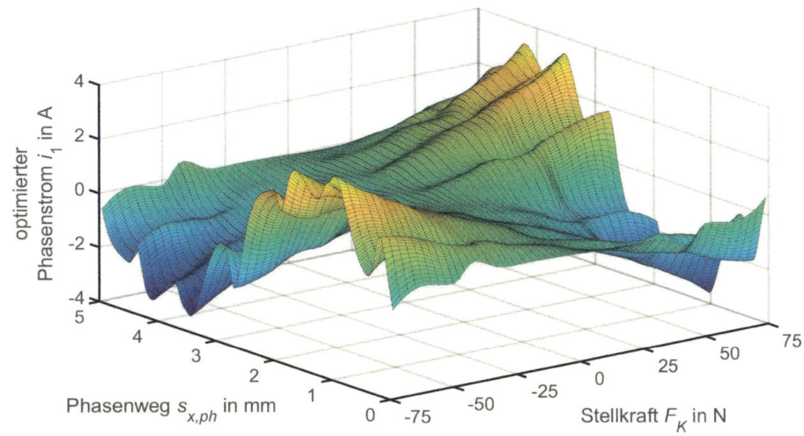

Abbildung 4.15: Optimierte Stromfunktion für das erste Phasenmodul

4.3.4 Anpassung an die herkömmliche Sinuskommutierung

Um die Eigenschaften der optimierten Kommutierung besser bewerten zu können, soll diese mit der herkömmlichen Sinuskommutierung (siehe Abschnitt 3.6) verglichen werden. Aus diesem Grund bedarf es einer Adaption, damit auch wie bei der herkömmlichen Sinuskommutierung der Stellstrom I als Eingangsgröße verwendet werden kann. Deshalb wird eine Adaptionsfunktion f_{Ad} eingeführt, welche für die Berechnung eines Stellstroms aus der Stellkraft verantwortlich ist:

$$F_K = f_{Ad}(I). \tag{4.31}$$

Die Adaptionsfunktion und die optimierten Phasenströme ergeben zusammen die optimierte Kommutierung, die in Abbildung 4.16 als Blockschaltbild dargestellt ist.

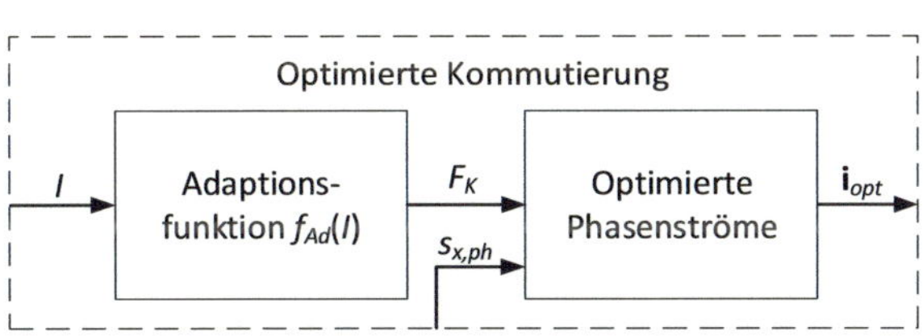

Abbildung 4.16: Adaption der Stellgröße der optimierten Phasenströme

Zur Identifikation der Parameter aus der Adaptionsfunktion (4.31) wird wieder eine Optimierung durchgeführt, bei der die Differenz der Verlustleistungen der sinuskommutierten und optimierten Phasenströme minimiert wird. Die Verlustleistung der sinuskommutierten Ströme ergibt sich mit Gleichung (4.15) wie folgt:

$$P_{Verl,sin} = i_{sin1}^2(I, s_{x,ph}) + i_{sin2}^2(I, s_{x,ph}) + i_{sin3}^2(I, s_{x,ph}) = \sum_{p=1}^{3}\left(I \cdot c_p(s_{x,ph})\right)^2 . \quad (4.32)$$

Für die Verlustleistung der optimierten Phasenströme $\mathbf{i}_{opt}$, die als Look-Up-Tabellen vorliegen, wird die Adaptionsfunktion $f_{Ad}(I)$ benötigt:

$$P_{Verl,opt} = i_{opt1}^2(f_{Ad}(I), s_{x,ph}) + i_{opt2}^2(f_{Ad}(I), s_{x,ph}) + i_{opt3}^2(f_{Ad}(I), s_{x,ph}) . \quad (4.33)$$

Die Gleichungen (4.32) und (4.33) geben die Leistungsverluste für einen bestimmten Stellstrom an einer Stelle des Phasenwegs an. Für die Optimierung ist es erforderlich, den gesamten Phasenweg mit M Stützstellen und den Strombereich mit N Stützstellen einzubeziehen. Zur Bestimmung der Modellparameter der Adaptionsfunktion $\mathbf{p}_{Ad}$ wird zunächst die Kostenmatrix $\mathbf{Q}$ aufgestellt:

$$\mathbf{Q} = \begin{pmatrix} P_{Verl,sin}(I_1, s_{x,ph1}) & \cdots & P_{Verl,sin}(I_1, s_{x,ph,M}) \\ \vdots & \ddots & \vdots \\ P_{Verl,sin}(I_N, s_{x,ph1}) & \cdots & P_{Verl,sin}(I_N, s_{x,ph,M}) \end{pmatrix} - \begin{pmatrix} P_{Verl,opt}(f_{Ad}(I_1), s_{x,ph1}) & \cdots & P_{Verl,opt}(f_{Ad}(I_1), s_{x,ph,M}) \\ \vdots & \ddots & \vdots \\ P_{Verl,opt}(f_{Ad}(I_N), s_{x,ph1}) & \cdots & P_{Verl,opt}(f_{Ad}(I_N), s_{x,ph,M}) \end{pmatrix} = \begin{pmatrix} \mathbf{Q}_1^{\mathrm{T}} \\ \vdots \\ \mathbf{Q}_N^{\mathrm{T}} \end{pmatrix} . \quad (4.34)$$

Mithilfe der MATLAB-Funktion `lsqnonlin` können Optimierungsprobleme mit Matrix als Ausgangsituation gelöst werden, indem zunächst die einzelnen Zeilen als Spalten untereinandergeschrieben werden und dann die Summe der Quadrate gebildet wird:

$$\min_{\mathbf{p}_{Ad} \in \mathbb{R}^6} \left\| \begin{matrix} \mathbf{Q}_1 \\ \vdots \\ \mathbf{Q}_N \end{matrix} \right\|_2^2 . \quad (4.35)$$

Das Ergebnis der Optimierung liefert die Parameter der Adaptionsfunktion, die in Abbildung 4.17 gezeigt wird. Diese ist bis zu einer Stromstärke von ca. 2 bis 3 A durch einen linearen Verlauf gekennzeichnet. Bei größeren Strömen ist die Sättigungswirkung deutlich zu erkennen. Die erhaltene Adaptionsfunktion kann auch als nichtlineare

Kraft-Strom-Kennlinie des LHSM betrachtet werden, die auf Basis der identifizierten Kraftfunktionen ermittelt wird.

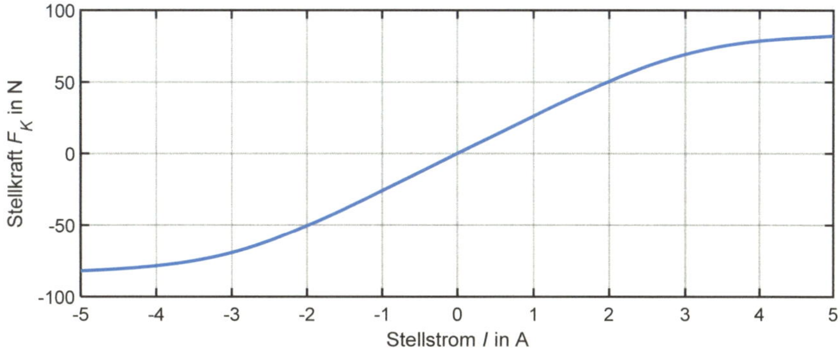

Abbildung 4.17: Adaption von Stellstrom auf Stellkraft

4.3.5 Bewertung der Ergebnisse

Die optimierte Kommutierung, bestehend aus optimierten Phasenströmen und Adaptionsfunktion (siehe Abbildung 4.16), wird anschließend auf dem Echtzeitsystem implementiert. Damit ist sie als austauschbare Funktionseinheit zur Sinuskommutierung zu betrachten und kann diese in ihrer kompletten Funktionalität ersetzen. Zur Untersuchung der Eigenschaften wird der LHSM geschwindigkeitsgeregelt betrieben und wie bei der Rastkraft-Kompensation erfolgt eine Bewertung anhand der Horizontalschwingung a_x. Exemplarisch ist in Abbildung 4.18 der zeitliche Verlauf der Horizontalschwingung für eine Fahrt mit Sinus- und optimierter Kommutierung bei einer Geschwindigkeit von 50 mm/s dargestellt. Dabei zeigt sich eine reduzierte Schwingungsamplitude der optimierten Kommutierung gegenüber der herkömmlichen Sinuskommutierung.

Für eine allgemeinere Bewertung sollen wie bei der Rastkraft-Kompensation Geschwindigkeiten im Bereich bis 0,5 m/s untersucht werden. Dazu wird wieder der RMS-Wert nach Gleichung (4.12) berechnet und für die Horizontal- als auch Vertikalschwingung in Abbildung 4.19 dargestellt. Die Messungen werden jeweils für die Sinuskommutierung und die optimierte Kommutierung durchgeführt.

Zur Erinnerung soll erwähnt werden, dass der Zweck der optimierten Kommutierung die Erhöhung der Kraftkonstanz bzw. Verringerung der Kraftwelligkeit in Horizontalrichtung ist. Für eine Bewertung der Leistungsfähigkeit kann daher die Horizontalschwingung als wesentliches Kriterium herangezogen werden. Des Weiteren wird, wie in der Legende zu sehen ist, zwischen positiver und negativer Richtung der Messfahrt unterschieden.

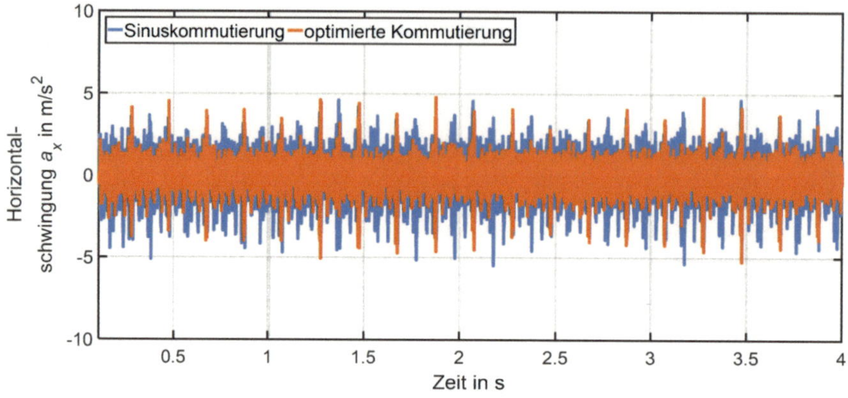

Abbildung 4.18: Horizontalschwingung des Läufers bei Sinus- und optimierter Kommutierung

Zunächst soll die Fahrt in negativer Richtung betrachtet werden. Hier fällt auf, dass bei niedrigen Geschwindigkeiten eine deutliche Verbesserung, ähnlich wie bei der Rastkraft-Kompensation, vorliegt. Beispielsweise verringern sich die Horizontalschwingungen bei einer Geschwindigkeit von 0,2 m/s um ca. 27 %. Dies ist darauf zurückzuführen, dass mit den Kraftfunktionen, v.a. im unteren Lastbereich, Rastkrafteinflüsse identifiziert und diesbezüglich auch die Phasenströme optimiert werden. Im Unterschied zur Rastkraft-Kompensation zeigen sich aber auch bei höheren Geschwindigkeiten jenseits von 0,25 m/s geringere RMS-Werte als bei der Sinuskommutierung. Das beweist, dass die optimierte Kommutierung die Kraftwelligkeit verringert, die bei krafterzeugenden Strömen auftritt.

Das dargestellte reduzierte Schwingungsverhalten zeigt sich, wenn der Läufer in die negative Richtung bewegt wird. In diesem Fall liegen negative Stellströme wie bei der Identifikation der Kraftfunktionen vor. Bei Messfahrten in positiver Richtung offenbart sich allerdings eine Umkehrung der Eigenschaften. Zurückzuführen ist dieses Verhalten auf die Annahme, dass die Kraftfunktionen unabhängig von der Bewegungsrichtung sind. Damit lässt sich behaupten, dass sich wie bei der Identifikation der Lastwinkel-Kennlinie eine Richtungsabhängigkeit des untersuchten LHSM ergibt – allerdings hier mit deutlicheren Auswirkungen auf das Betriebsverhalten.

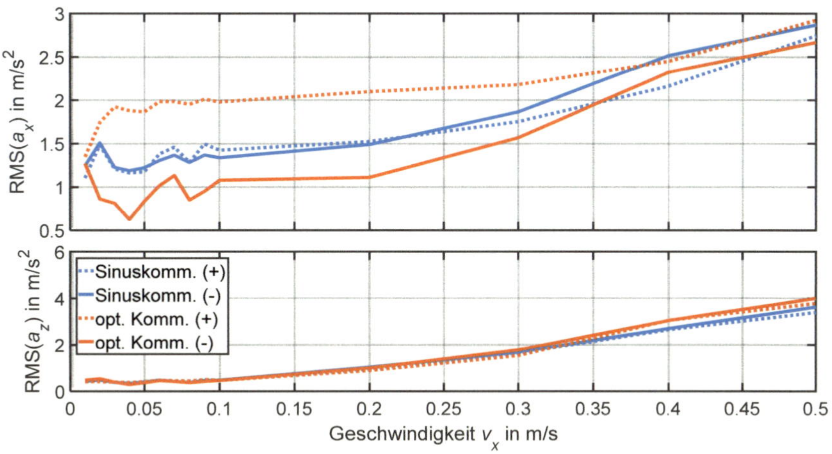

Abbildung 4.19: Schwingungsverhalten von Sinus- und optimierter Kommutierung für Fahrten in negativer (−) und positiver Bewegungsrichtung (+)

Bei Betrachtung der vertikalen Schwingungen zeigen sich erst bei größeren Geschwindigkeiten leicht erhöhte Werte gegenüber der Sinuskommutierung. Natürlich ist es wünschenswert auch diese zu reduzieren. Dafür müsste als weitere Nebenbedingung der Optimierung die Kraftkonstanz in vertikaler Richtung gefordert werden. Das setzt allerdings auch die Kenntnis der vertikalen Kraftfunktionen voraus, deren Identifikation jedoch noch größeren experimentellen Aufwand bedeutet. Dann wäre auch ein Kraftsensor unvermeidbar, auf den mit der hier vorgestellten Identifikationsmethodik verzichtet werden konnte.

Als Erkenntnis der durchgeführten Messungen kann festgehalten werden, dass die optimierte Kommutierung die Kraftwelligkeit und zusätzlich auch die Wirkung der Rastkräfte reduziert. Das vorgestellte Verfahren der optimierten Kommutierung ist somit ein empfehlenswerter Ansatz, wobei die Qualität zum großen Teil von den Eigenschaften der Strecke bzw. der Kraftfunktionen abhängt.

4.3.6 Diskussion der Anwendbarkeit

Wie im vorherigen Abschnitt beschrieben, gibt es bei der Anwendung des vorgestellten Verfahrens Restriktionen, die an der Methodik selbst aber auch an den technischen Gegebenheiten des LHSM liegen.

Die erste Restriktion entsteht bei der Identifikation der Kraftfunktionen, die auf quasistatischen Messungen beruht. Dynamische Effekte, die v.a. von Ummagnetisierungsverlusten geprägt sind, können nicht berücksichtigt werden. Damit ist auch die relativ weniger stark ausfallende Schwingungsreduktion bei höheren Geschwindigkeiten zu erklären.

Des Weiteren ist nicht zu vergessen, dass zwei dreiphasige Motormodule für die Antriebskraft des LHSM sorgen. Es muss davon ausgegangen werden, dass die Motormodule keine absolut identischen Eigenschaften besitzen. Daraus folgt, dass die identifizierten Kraftfunktionen ein Durchschnittsverhalten der beiden Motormodule widerspiegeln und folglich die Optimierung ein Kompromiss ist.

Ein weiteres Problem ist die Lastabhängigkeit der Kraftfunktionen. Diese äußert sich durch Formänderungen der Verläufe im unteren Lastbereich aufgrund von Rastkräften und im oberen Lastbereich durch Sättigungserscheinungen. Letztendlich erschweren diese Nichtlinearitäten die Identifikation der Kraftfunktionen, was wiederum Auswirkung auf das Optimierungsergebnis hat.

Aufgrund der in den optimierten Kommutierungsfunktionen enthaltenen sechsfachen Oberwellen ist die Anwendbarkeit bei sehr schnellen Bewegungen zusätzlich durch die Prozesstaktrate der Echtzeithardware und die Stromdynamik (siehe Abschnitt 5.1.1) begrenzt.

Die unterschiedlichen Eigenschaften bei Richtungsänderung sind zum größten Teil auf die Rastkräfte innerhalb der Kraftfunktionen zurückzuführen. Denn diese sind richtungsunabhängig und bedeuten bei dem Vorzeichenwechsel des Stromes eine Invertierung der Rastkraftwelligkeit der optimierten Ströme. Das führt dazu, dass die Rastkräfte in der einen Richtung kompensiert und in der anderen verstärkt werden, wodurch sich bei Fahrten in positiver und negativer Fahrtrichtung deutliche Unterschiede offenbaren (siehe Abbildung 4.19).

Ein weiterer Einfluss ist eine spezielle richtungsabhängige Charakteristik des Motors. Denn diese tritt selbst bei der herkömmlichen Sinuskommutierung auf, was man an dem Auseinanderdriften der Stärke der Horizontalschwingungen in Abbildung 4.19 sehen kann. Als Ursache der richtungsabhängigen Charakteristik kann man zum einen die Werkstoffeigenschaften der ferromagnetischen Bauteile des LHSM betrachten. Als Folge magnetischer Anisotropie können sich inhomogene Magnetisierungen ausbilden, was sich beispielsweise in unterschiedlichen Remanenzflussdichten äußert [65]. Der Einfluss des Magnetisierungszustands des Stators aus vorhergehenden Überfahrten ist ein weiterer Einflussfaktor und wird in [29] für einen planaren HSM thematisiert. Zum anderen bewirken geometrische Toleranzen, beispielsweise eine Verschiebung der Motor- bzw. der Phasenmodule untereinander bei gleicher Bestromung, dass sich die Antriebskräfte richtungsabhängig voneinander unterscheiden.

Eine weitere separate Identifikation der Kraftfunktionen in positiver Richtung wurde zum einen aufgrund größerer notwendiger Modifikationen des Prüfstandes nicht durchgeführt. Das betrifft beispielsweise das Erzeugen zusätzlicher Gewindebohrungen im Läufergehäuse. Zum anderen ist der allgemeine Aufwand für das vorgestellte Verfahren insgesamt sehr groß.

Zusammenfasend kann festgehalten werden, dass die gezeigte Identifikation der Kraftfunktionen ohne Kraftsensor und zusätzliche Positioniereinrichtung eine kostengünstige Methode darstellt. Die Ergebnisse der Optimierung unter Berücksichtigung der Kraftkonstanz in Bewegungsrichtung des Läufers sind besonders von den identifizierten Kraftfunktionen abhängig. Das kann mit Simulationen bestätigt werden, in denen ein Streckenmodell mit identifizierten Kraftfunktionen verwendet wird [98]. Hier kommt es zu einer sehr deutlichen Reduktion der Kraftwelligkeit, was das große Potential der optimierten Kommutierung aufzeigt.

4.4 Fazit der untersuchten Methoden

Alle drei in diesem Kapitel untersuchten Methoden zielen darauf ab, die Kraftschwankungen eines herkömmlichen LHSM mit konstanter magnetischer Erregung zu reduzieren. Aus diesem Grund werden die Zusatzspulen mit einem konstanten Strom angesteuert, sodass ein zum permanentmagneterregten Motor äquivalentes System entsteht.

Als erste Methode wurde der Lastwinkel in Abhängigkeit der Geschwindigkeit mit dem Ziel optimiert, den Motor effizienter hinsichtlich der Antriebskraft zu machen. Das resultiert darin, dass für ein und dieselbe Antriebskraft mit Lastwinkeloptimierung ein geringerer Stellstrom notwendig ist. Da die Kraftschwankungen mit kleineren Stellströmen abnehmen (siehe Abschnitt 5.1.4), wird eine Reduzierung der Schwingungen erwartet. Da sich der Effekt der geringeren Stellströme allerdings erst bei großen Geschwindigkeiten und Lasten stärker zeigt, kann keine Reduzierung der Kraftschwankungen erreicht werden. Die Lastwinkeloptimierung sorgt allerdings für eine erhöhte Maximalkraft und damit verbunden ist eine verbesserte Reglerdynamik.

Die zweite Methode zielt darauf ab, die Wirkung der Rastkräfte als eine der beiden wesentlichen Ursachen von Kraftschwankungen zu reduzieren. Dafür wird der Stellgrößenverlauf entlang des Phasenwegs ermittelt und als vorgesteuertes Signal dem Reglerausgang aufgeschaltet. Hier zeigen sich hauptsächlich, auch aufgrund der Eigenschaften der Rastkräfte, im unteren Geschwindigkeitsbereich bis 0,25 m/s reduzierte gemessene Horizontalschwingungen des Läufers.

Die dritte Methode beinhaltet die Optimierung der Kommutierung, die auf Basis eines Identifikationsverfahrens mit geringem messtechnischem Aufwand entwickelt wird. Das eigentliche Ziel ist dabei die Reduzierung der Kraftwelligkeit, welche die zweite wesentliche Ursache für Kraftschwankungen darstellt. Die optimierten Kommutierungsfunktionen für die drei Phasen sind nichtlineare Kennlinien, die als Look-Up-Tabellen hinterlegt sind. Diese sorgen dafür, dass neben der Kraftwelligkeit auch Rastkräfte kompensiert werden. Das zeigt sich bei den gemessenen Horizontalschwingungen, die im unteren Geschwindigkeitsbereich einen sehr ähnlichen Verlauf zur Rastkraft-Kompensation aufweisen. Darüber hinaus können die Schwingungen noch bei größeren Geschwindigkeiten reduziert werden. Ein Nachteil ist, dass eine Verbesserung bezüglich der Horizontalschwingungen nur in einer Bewegungsrichtung vorhanden ist. Als Erkenntnis für zukünftige Arbeiten an bauähnlichen Motoren kann daher abgeleitet werden, dass die Kraftfunktionen aufgrund von Rastkräften und richtungsabhängiger Motorcharakteristik separat für beide Richtungen zu identifizieren sind. Dementsprechend müssen in Abhängigkeit der Richtung unterschiedlich optimierte Phasenströme als Kommutierungsfunktionen verwendet werden.

Tabelle 4.2: Übersicht der untersuchten Methoden für einen konstant erregten LHSM

	Eigenschaft			
Methode	Reduzierung von Rastkräften	Reduzierung von Kraftwelligkeit	Aufwand	Kombinierbarkeit
Lastwinkel-Optimierung	nein	nein	mittel	ja
Rastkraft-Kompensation	ja	nein	niedrig	ja
Optimierung der Kommutierung	ja	ja	hoch	nein

Die erste und zweite Methode können zusammen angewendet werden. Da bei der dritten Methode eine komplett andere Kommutierung verwendet ist, bedeutet das im Prinzip eine Änderung der Strecke, sodass die ersten beiden Methoden damit nicht kombiniert werden können. Außerdem ist die Rastkraft-Kompensation sozusagen in der dritten Methode integriert. Zur Übersicht der drei in diesem Kapitel untersuchten Methoden für einen konstant erregten LHSM werden die wichtigsten Eigenschaften in Tabelle 4.2 zusammengefasst.

5 LHSM mit variabler magnetischer Erregung

In diesem Kapitel wird das Zusatzspulensystem des LHSM-Prototypen (siehe Abbildung 3.2) nicht wie im vorherigen Kapitel mit einem konstanten Strom beaufschlagt und damit vernachlässigt. Vielmehr soll die Möglichkeit einer variablen magnetischen Erregung durch die Zusatzspulen ausgenutzt werden, um mit einer bestimmten Ansteuerungscharakteristik die Kraftschwankungen des LHSM zu reduzieren.

Um die Eigenschaften des variabel erregten LHSM darzustellen, sollen FEM-Simulationen betrachtet werden, die von der *IMMS gGmbH* durchgeführt und zur Verfügung gestellt worden sind [61]. Das FEM-Modell entspricht dabei einem Phasenmodul mit den grundlegenden Eigenschaften, die auch im LHSM-Prototypen verbaut sind.

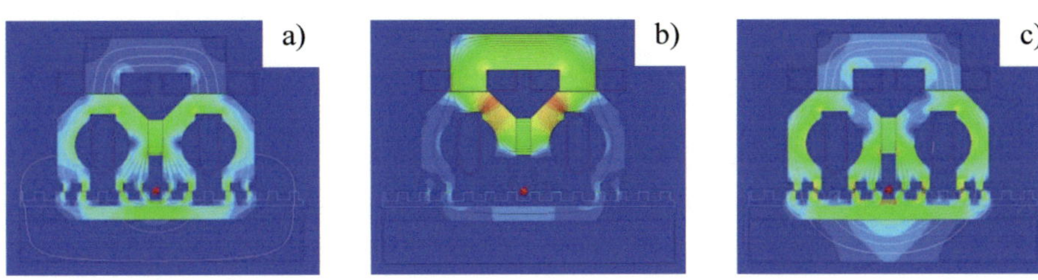

Abbildung 5.1: Örtlich verteilte Magnetflussdichte eines Phasenmoduls mit einem Zusatzstrom von a) 0 A b) −3 A und c) 3 A

In Abbildung 5.1 sind drei Magnetisierungszustände dargestellt, die einer bestimmten Bestromung der Zusatzspulen entsprechen. Darin zu erkennen ist die räumliche Verteilung der magnetischen Flussdichte eines Phasenmoduls, welches sich an der Viertelposition, d.h. bei $s_{x,rel} = 0{,}25$ befindet und einer halben Zahnüberdeckung entspricht. Die farbliche Abstufung beinhaltet die Stärke der magnetischen Flussdichte, wobei rot einer Flussdichte von etwa 2 Tesla und dunkelblau 0 Tesla entspricht. In Fall a) fließt kein Strom durch die Zusatzspule, was dazu führt, dass sich der Magnetfluss des zwischen den beiden Blechpaketen befindlichen Permanentmagneten auf das Zusatzjoch und den herkömmlichen Eisenrückschluss aufteilt. Wird die Zusatzspule wie in b) negativ mit –3 A bestromt, so heben sich die permanentmagnet- und die zusatzstrombedingten Flüsse in den Schenkeln der Blechpakete gegenseitig auf. Das führt dazu, dass sich die magnetische Flussdichte in den oberen Bereichen der Blechpakete und im Zusatzjoch konzentriert. Als weitere Konsequenz ergibt sich, dass durch die reduzierte Magnetflussdichte im Luftspalt die Rastkräfte sinken. Jedoch kann in diesem Fall keine Antriebskraft erzeugt werden, da das Hybridschrittmotorprinzip nicht mehr greift. Wenn der Zusatzstrom nun mit 3 A bestromt wird, ergeben sich demgegenüber umgekehrte Eigenschaften. Wie in c) zu erkennen, erhöht sich die Flussdichte in den Schenkeln der Blechpakete, aufgrund der Umkehrung der Magnetflussrichtung. Damit ist auch die Flussdichte im Luftspalt größer als bei Fall a), sodass größere Antriebskräfte erzeugt werden können.

Zusammenfassend kann festgehalten werden, dass mit dem Zusatzstrom I_{ZS} der magnetische Erregerfluss verändert werden kann, was Auswirkungen auf die Eigenschaften des LHSM hat. Alle drei Zusatzspulen werden dabei synchron und mit identischen Werten bestromt. Die Hauptspulen werden wieder mit der herkömmlichen sinusförmigen Kommutierung angesteuert und der bisher alleine für den Antrieb verantwortliche Stellstrom I wird nun als Hauptstrom I_{HS} bezeichnet.

5.1 Modellbildung und Parameteridentifikation

Zur Ausnutzung der erläuterten Eigenschaften im Sinne einer Reduzierung der Kraftschwankungen ist eine gründliche Analyse des LHSM notwendig. Dabei wird auf eine komplexe Modellierung der magnetischen Domäne in Form von Netzwerken, wie in [125] verzichtet, da die Parameteranzahl und der Aufwand zur Messung magnetischer Größen äußerst groß ist. Eine noch detailliertere Beschreibung mittels FEM-Modellen wird in [141] durchgeführt. Das Erzeugen eines adäquaten multiphysikalischen Modells ist allerdings ebenfalls sehr aufwendig. Außerdem können dynamische Effekte, wie Hysterese, nicht ohne Weiteres berücksichtigt werden. Auch die Nutzbarkeit des Modells für weitere mathematische Prozesse (Optimierung, Reglerentwurf) ist von Bedeutung und damit nicht gewährleistet.

Daher wird in dieser Arbeit der LHSM mit physikalischen Teilmodellen und analytischen Gleichungen beschrieben und in den nachfolgenden Abschnitten vorgestellt. Am Ende entsteht ein Gesamtmodell, welches das dynamische Verhalten des LHSM abbildet. Für eine zielorientierte Modellbildung werden zweckmäßige Vereinfachungen gemacht. Bei der Wahl der Modellordnungen wird ein Kompromiss zwischen der Anpassungsgüte und der Anzahl der Parameter gemacht. Denn eine größere Parameteranzahl verbessert zwar die Modellgüte. Jedoch verringert sich dieser Effekt ab einer bestimmten Menge an Parametern immer mehr und die Modellgüte verbessert sich nur noch verhältnismäßig wenig. Die Rechenzeit für die Parameteridentifikation steigt dabei überproportional an und zudem erhöht sich die Wahrscheinlichkeit der Überanpassung bei größerer Modellordnung. Der Prozess der Modellbildung und Parameteridentifikation impliziert somit keine Eindeutigkeit, wie das beste Modell letztendlich aussieht. Das bedeutet auch, dass das finale Modell in einem iterativen Prozess entsteht, der durch Anpassungen der Experimente zur Datenermittlung, des Modells und der Optimierungsmethode gekennzeichnet ist.

Um Daten für die notwendige Parameteridentifikation zu erhalten, werden verschiedene Experimente und Messfahrten durchgeführt. Der Arbeitsfrequenzbereich ist mit $f_{Arbeit} = 2\,\text{kHz}$ definiert und bedeutet, bezogen auf die Abtast- und Verarbeitungsrate der Echtzeithardware von $f_{Tast} = 20\,\text{kHz}$, eine hinreichend gute Voraussetzung für die Systemanalyse durch einen Überabtastungsfaktor von zehn [21, 87]. Grundsätzlich wird in offener Steuerkette gearbeitet, d.h. die Identifikationsmessungen erfolgen nicht im Reglerbetrieb, um Störeinflüsse zu vermeiden. Die Identifikation der Parameter basiert auf der schon in Kapitel 4 verwendeten Methode zur Minimierung eines quadratischen Gütekriteriums der Form

$$Q = \sum_{k=1}^{N} e^2(k)\,, \tag{5.1}$$

wobei e die Abweichung von Messung und Modell und N die Anzahl der Messwerte sind.

5.1.1 Stromdynamik

Die Stromdynamik gibt das dynamische Verhalten der elektrischen Strecke wieder, die aus dem analogen Leistungsverstärker sowie dem Haupt- bzw. Zusatzspulensystem besteht. Dabei soll hauptsächlich das zeitliche Verhalten der Stromamplitude modelliert werden und nicht die einzelnen Phasenströme, die in ihrer Quantität durch die Kommutierung bestimmt werden. Für diesen Zweck wird ein einfaches elektrisches Netzwerkmodell verwendet. Das dazugehörige Ersatzschaltbild, welches für das Haupt- und

Zusatzspulensystem angewendet wird, ist in Abbildung 5.2 dargestellt. Dabei soll nochmals erwähnt werden, dass sich zwei Motormodule im Läufergehäuse befinden, die elektrisch in Reihe geschalten sind, aber als ein Element betrachtet werden.

Die Leistungsverstärker sorgen dafür, dass eine bestimmte kommandierte Eingangsspannung $U_{kommand}$ der Echtzeithardware in einen proportionalen Strom gewandelt wird:

$$I_0 = k_{UI} \cdot U_{kommand} \,. \tag{5.2}$$

Damit kann der analoge Stromregler als eine ideale Stromquelle betrachtet werden. Daran angeschlossen ist die Spule, die gewöhnlich mit einer Reihenschaltung aus Widerstand R und Induktivität L modelliert wird.

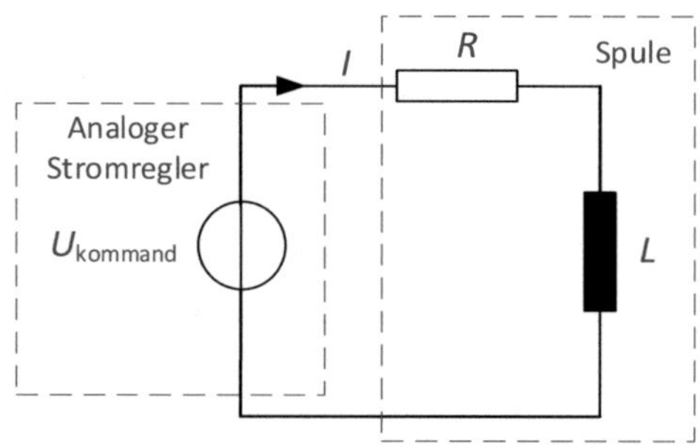

Abbildung 5.2: Ersatzschaltbild der elektrischen Strecke

Die bewegungsinduktive EMK-Spannung und ebenso die sich mit der Zahnüberdeckung ändernde Induktivität $L(s_x)$ werden nicht berücksichtigt, womit letztendlich durch die Ersatzschaltung ein stillstehender Motor abgebildet wird. Dennoch werden die EMK-Spannung als geschwindigkeitsabhängige Größe mit der in Abschnitt 5.1.3 behandelten Reibkraft und die sich ändernde Induktivität innerhalb des Ansatzes für die Kraftschwankungen (siehe Abschnitt 5.1.4) erfasst.

Es ergibt sich letztendlich ein PT_1-Übertragungsverhalten der Form:

$$\frac{I}{I_0} = \frac{1}{s \cdot \tau + 1} \qquad \text{mit: } \tau = \frac{L}{R}. \tag{5.3}$$

Damit wird die Verzögerung des Iststroms I (I_{HS} bzw. I_{ZS}) gegenüber dem von der Echtzeithardware vorgegebenen Sollstrom I_0 für ein Spulensystem beschrieben. Zur

Identifikation der jeweiligen Zeitkonstante τ werden die Phasen der Haupt- und Zusatzspulen mit Testsignalen angeregt. Als Anregungssignale werden ein Chirp-Signal und eine Rauschsequenz mit einer Frequenzbandbreite von bis zu 2 kHz verwendet.

Der Sollstrom wird über die Echtzeithardware an den Leistungsverstärker kommandiert und der Iststrom mit einem auf dem Halleffekt basierenden Stromsensor gemessen [3]. Mithilfe der MATLAB-Funktion `procest` und den aufgenommenen Datensätzen werden die Zeitkonstanten des Haupt- und Zusatzspulensystems ermittelt. Damit kann dann das Übertragungsverhalten im Frequenzbereich ermittelt werden, welches in Abbildung 5.3 a) bzw. b) dargestellt ist.

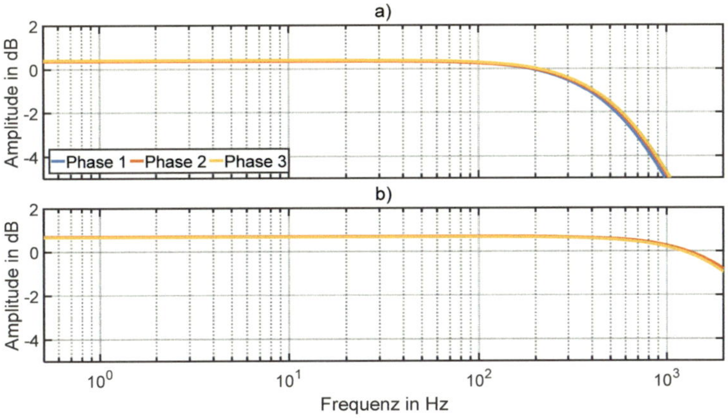

Abbildung 5.3: Amplitudenfrequenzgang der a) Hauptspulen und b) Zusatzspulen

Die Kurven der drei Phasen liegen jeweils übereinander, was den in Abbildung 5.2 gezeigten Modellansatz untermauert. Die von 0 dB abweichende Verstärkung entsteht durch Offsets der Stromsensoren. In diesem Zusammenhang bestätigt sich auch die deutlich genauere Stromeinstellung durch die analoge Regelung der Verstärkerkarten (siehe Abschnitt 3.3).

Aus den identifizierten Zeitkonstanten bzw. mit den Amplitudenfrequenzgängen können die 3 dB-Grenzfrequenzen bestimmt werden. Diese liegen für das Hauptspulensystem bei

$$f_{HS} = \frac{1}{2\pi \cdot \tau_{HS}} = 700\,\text{Hz}$$

und für das Zusatzspulensystem bei

$$f_{ZS} = \frac{1}{2\pi \cdot \tau_{ZS}} = 3000\,\text{Hz}\,.$$

Da die Grenzfrequenz des Zusatzspulensystems deutlich größer als die Arbeitsfrequenz ist, wird das Zusatzspulensystem als ideal und verzögerungsfrei betrachtet und es gilt:

$$I_{0,ZS}(t) = I_{ZS}(t)\,. \tag{5.4}$$

Dagegen ist die Verzögerungsdynamik des Hauptspulensystems relevant, sodass die Übertragungsfunktion (5.3) in den Zeitbereich transformiert wird. Schließlich ergibt sich eine Differentialgleichung erster Ordnung:

$$I_{0,HS}(t) = I_{HS}(t) + \tau_{HS} \cdot \frac{dI_{HS}(t)}{dt}\,. \tag{5.5}$$

5.1.2 Krafterzeugung

Die Antriebskraft F_A wurde bereits in Abschnitt 4.3 thematisiert und ist in Gleichung (4.14) als Summe der Produkte von Kraftfunktion und Phasenstrom aufgeführt. Unter der Annahme sinusförmiger Kommutierung kann auf diese ausführliche Formulierung verzichtet werden, sodass nur der Stell- bzw. Hauptstrom I_{HS} als abhängige Größe betrachtet wird. Des Weiteren beeinflusst der Zusatzstrom I_{ZS} das magnetische Verhalten des LHSM und damit die Wirkung der Antriebskraft. Somit ergibt sich für die Antriebskraft der folgende funktionale Zusammenhang:

$$F_A = f(I_{HS}, I_{ZS})\,. \tag{5.6}$$

Als Modellfunktion wird eine tanh-Funktion verwendet, um Sättigungseffekte bei größeren Hauptströmen hinreichend gut abbilden zu können. Der Verlauf des Kraftanstieges bis zur Sättigung ist vom Zusatzstrom abhängig. Daher wird der Anstieg der tanh-Funktion mit einer linearen vom Zusatzstrom abhängigen Funktion gewichtet. Zusätzlich erfolgt eine Anpassung der Sättigungswerte durch die Multiplikation mit einem Polynom zweiter Ordnung $f_{Pol}(I_{ZS})$. Die modellierte Antriebskraft sieht dann folgendermaßen aus:

$$\begin{aligned} F_A &= f_{\tanh}(I_{HS}, I_{ZS}) \cdot f_{Pol}(I_{ZS}) \\ &= \tanh\big((p_{A1} \cdot I_{ZS} - p_{A2}) \cdot I_{HS}\big) \cdot \big(p_{A3} + p_{A4} \cdot I_{ZS} + p_{A5} \cdot I_{ZS}^2\big). \end{aligned} \tag{5.7}$$

Zur Identifikation der Parameter $\mathbf{p}_A = [p_{A1}, p_{A2}, p_{A3}, p_{A4}, p_{A5}]^T$ wird eine statische Kraftkennlinie aufgenommen, wobei der Haupt- und Zusatzstrom variiert werden. Die Aufnahme der Antriebskraft erfolgt mit einem Federkraftmesser, der wie in Abbildung 5.4

zu sehen, über ein Stahlseil mit dem Läufer verbunden ist. Der Ansteuerbereich der Zusatzspulen ist auf ±2 A festgelegt. Die untere Grenze ergibt sich aus dem Sachverhalt, dass der magnetische Erregerfluss in diesem Bereich nahezu null ist und dadurch keine Kraft erzeugt werden kann (siehe Abbildung 5.1 b)). Oberhalb von 2 A des Zusatzstromes wird der Einfluss der Sättigungswirkung stärker, was eine Erweiterung von Gleichung (5.7) zur Folge hätte. Für das Hauptspulensystem werden Stellströme bis 3 A verwendet, denn oberhalb davon wird, v.a. bei geringen Zusatzströmen, die Luftlagerkraft überwunden. Das führt dann dazu, dass der Läufer in direkten Kontakt mit der Statoroberfläche kommt und dort festsitzt.

Abbildung 5.4: Experimenteller Aufbau zur Messung der Antriebskraft

Mit den Messdaten $F_{A,Mess}$ und Gleichung (5.7) kann folgendes Optimierungsproblem aufgestellt werden:

$$\min_{\mathbf{p}_A \in \mathbb{R}^5} \quad Q = \left(F_{A,Mess} - F_A(I_{HS}, I_{ZS})\right)^2, \tag{5.8}$$

welches mithilfe des MATLAB-Optimierers `lsqnonlin` gelöst wird. Der ermittelte Parametersatz $\mathbf{p}_A$ führt dann zu der in Abbildung 5.5 dargestellten Kraftkennlinie. Der Vergleich mit den Messdaten zeigt, dass eine gute Übereinstimmung von Messung und Modell festgestellt werden kann. Dabei wird deutlich, welchen Einfluss der Zusatzstrom auf das Kraftverhalten des LHSM hat. Wie zu erwarten, kann bei Strömen, die den Erregerfluss schwächen ($I_{ZS} < 0$) kaum Antriebskraft zur Verfügung gestellt werden. Bei Erregerfluss verstärkenden Strömen ($I_{ZS} > 0$) vergrößert sich die Antriebskraft annähernd linear in Abhängigkeit des Zusatzstroms. Bei Betrachtung der Antriebskraft-Hauptstrom-Verläufe fällt auf, dass bei geringen Zusatzströmen ein linearer Kraftanstieg zu beobachten ist. Dies ändert sich bei Zusatzströmen oberhalb von 0 A, wo deutlich das Sättigungsverhalten bei großen Hauptströmen zu erkennen ist.

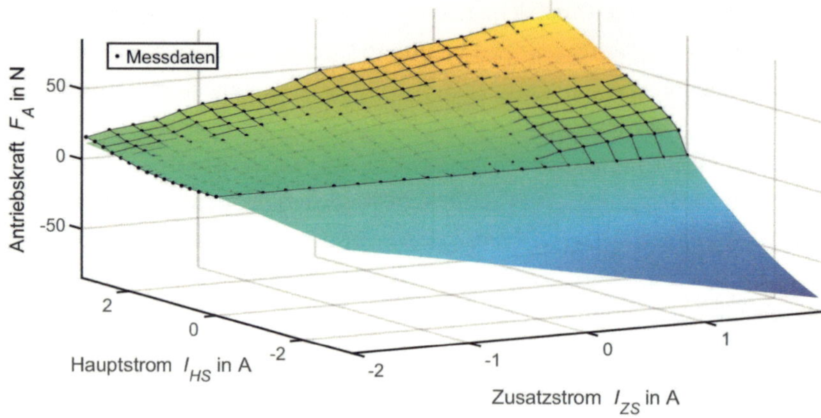

Abbildung 5.5: Statische Kennlinie der Antriebskraft

Damit ist die Charakteristik der Krafterzeugung unter Verwendung des Zusatzstroms zunächst einmal mittels statischer Messungen bekannt. Im dynamischen Betrieb spielen die bereits mehrfach erwähnten Ummagnetisierungseffekte eine wesentliche Rolle und vermindern die tatsächlich wirkende Kraft.

5.1.3 Ummagnetisierungsverluste und Reibung

Die Ummagnetisierungsverluste sorgen für eine Verringerung der mechanischen Leistung und senken damit den Wirkungsgrad. Sie treten hauptsächlich in Form von Wirbelstrom- und Hystereseverlusten auf. Beide Arten sollen nachfolgend kurz erläutert werden, um ein besseres Verständnis für deren reibkraftorientierte Modellierung zu geben.

Wirbelstromverluste

Wirbelstromverluste entstehen bei zeitlich veränderlichen Magnetfeldern und erzeugen nach dem Induktionsgesetz

$$\operatorname{rot} \mathbf{E} = -\frac{\partial \mathbf{B}}{\partial t} \tag{5.9}$$

senkrecht zur Flussänderung kreisförmige elektrische Felder. Das bedeutet, dass bei ferromagnetischen Werkstoffen wie Eisen aufgrund der elektrischen Leitfähigkeit kreisförmige Ströme entstehen. Diese Ströme erzeugen wiederum magnetische Felder, die gegen ihre Ursache wirken. Das heißt, dass der Aufbau der magnetischen Flussdichte durch ein entgegengesetztes Magnetfeld gehemmt wird. Analog zu einem elektrischen

Kreis mit einer Induktivität, bei welchem dem Stromanstieg entgegengewirkt wird, kommt es hier zu einem verzögerten Aufbau des magnetischen Flusses. Demzufolge handelt es sich um eine magnetische Induktivität [65]. Aufgrund des induzierten Stromes entstehen Wärmeverluste, die bei sinusförmigen Änderungen des Magnetfeldes proportional zum Quadrat der Frequenz und der Flussdichte sind [14]:

$$P_{WS} \sim f^2 \cdot B^2 . \tag{5.10}$$

Um Wirbelströme zu reduzieren, werden laminierte Bleche eingesetzt oder durch Beimengung von Silizium zum Eisen, was die elektrische Leitfähigkeit, allerdings auch die Permeabilität verringert [18, 29].

Hystereseverluste

Hystereseverluste entstehen aufgrund der Um- und Ausrichtung der Weißschen Bezirke, die als granulare magnetische Domänen betrachtet werden können. Unter Einfluss eines äußeren wechselnden Magnetfeldes ordnen sich diese um. Entscheidend für Hystereseverluste ist die $B(H)$-Kennlinie des ferromagnetischen Werkstoffes, die bei einem Magnetisierungszyklus als Hystereseschleife durchlaufen wird. Die Fläche, die durch die Hystereseschleife eingeschlossen wird, entspricht dabei der Energiedichte und die Integration über das Volumen führt zu den Hystereseverlusten. Diese äußern sich auch in Form eines Wärmeeintrags und weisen eine lineare Abhängigkeit von der Frequenz auf:

$$P_{Hys} \sim f \cdot B^{\alpha_{Hys}} . \tag{5.11}$$

Die Flussdichte geht in der Potenz mit dem Faktor α_{Hys} ein, der experimentell ermittelt werden muss und in der Literatur zumeist mit 1,5 bis 2 bemessen wird [14]. Zur mathematischen Beschreibung der Hysterese kann der Preisach-Ansatz oder das Jiles-Atherton-Modell verwendet werden, die beide jedoch relativ komplex sind [111].

Reibkraftmodell

Die in den Gleichungen (5.10) und (5.11) angegebenen Wirbelstrom- und Hystereseverluste entstehen bei sich wechselnder magnetischer Flussdichte. In Bezug auf den LHSM muss man zwischen dem hauptstrombedingten Fluss und dem vom Zusatzstrom beeinflussten Erregerfluss unterscheiden. Der hauptrombedingte Fluss ist wegen der Kommutierung eine wechselnde Größe. Dessen Einfluss kann zunächst aufgrund der experimentellen Bedingungen nicht berücksichtigt werden. Der Erregerfluss stellt keine Wechselgröße dar, da der Zusatzstrom nicht kommutiert wird. Jedoch kommt es durch die sich ändernde Zahnüberdeckung von Läufer und Stator im zeitlichen Verlauf zu Flussdichteänderungen, wobei die Frequenz der Flussdichteänderung proportional zur Geschwindigkeit des Läufers v_x ist. Damit existiert ein direkter Zusammenhang von der Läufergeschwindigkeit zu den Ummagnetisierungsverlusten, die zu einer Bewegungshemmung führen. Aus diesem Grund liegt es nahe, die Ummagnetisierungsverluste als Reibkraft zu modellieren [104, 105].

Als grundlegender Ansatz für die Reibung wird ein erweiterter Coulomb-Ansatz verwendet. Dieser besteht aus einem Haft- und Gleitreibungsterm folgender Art:

$$F_R = F_{Haft} + F_{Gleit} = f_{Haft}(I_{ZS}, v_x) + f_{Gleit,1}(I_{ZS}) \cdot f_{Gleit,2}(v_x)\,. \tag{5.12}$$

Die Haftreibung bildet einen Effekt ab, der die Luftlagerung betrifft. Diese ist durch eine ca. 10-20 µm dicke und komprimierte Luftschicht zwischen Läufer und Stator gekennzeichnet. Dadurch kommt es zu einer Schubspannung τ_{Fluid}, die nach dem Grundgesetz fluidscher Reibung proportional zu dem Geschwindigkeitsgradienten der Luftschicht ist [127]:

$$\begin{aligned} \tau_{Fluid} &= \eta \cdot \frac{dv_x}{dz_{Luft}} \\ \text{mit } \eta &: \text{dynamische Viskosität} \\ z_{Luft} &: \text{Höhe der Luftschicht}\,. \end{aligned} \tag{5.13}$$

Die dynamische Viskosität η korreliert wiederum mit dem Druck p und mit der von der magnetischen Erregung B abhängigen Anziehungskraft F_{Anz}, sodass ein direkter Zusammenhang zum Zusatzstrom besteht:

$$\eta \sim p \sim F_{Anz} \sim B \sim I_{ZS} \mathrel{\hat{=}} \eta \sim I_{ZS}\,. \tag{5.14}$$

Um in Bewegung zu kommen, muss sich der Läufer aus der rastkraftbedingten Halteposition losreißen und den Geschwindigkeitsgradienten überwinden. Je nach Stärke der magnetischen Erregung verändert sich die Anziehungskraft von Läufer und Stator und damit die fluidische Reibung. Die vom Zusatzstrom abhängige Haltekraft F_H wird durch ein Polynom zweiter Ordnung beschrieben. Um numerische Probleme aufgrund des Sprungs bei 0 m/s zu vermeiden, wird anstelle der Signum- eine tanh-Funktion mit einem relativ großen Anstieg verwendet (siehe auch [102]), sodass sich die Haftreibung folgendermaßen ergibt:

$$F_{Haft} = F_H(I_{ZS}) \cdot \mathrm{sgn}(v_x) \approx \left(p_{R1} + p_{R2} \cdot I_{ZS} + p_{R3} \cdot I_{ZS}^2\right) \cdot \tanh(10^3 v_x)\,. \tag{5.15}$$

Damit wird gleichzeitig der Übergangsbereich zur Gleitreibung modelliert, wo der bewegte Läufer weiterhin den Gesetzmäßigkeiten von Gleichung (5.13) in Form von viskoser Reibung unterliegt. Der Gleitreibungsterm soll neben der fluidischen Reibung zusätzlich die bei der Stromdynamik (siehe Abschnitt 5.1.1) vernachlässigte bewegungsinduzierte Spannung sowie die Wirbelstrom- und Hystereseverluste abbilden [104, 105, 123]. Da bei dem LHSM nur der herkömmliche Eisenkreis, das Zusatzjoch jedoch nicht geblecht ist, sind die Wirbelstromverluste besonders von Bedeutung. Der Stator ist aufgrund von wirtschaftlichen und fertigungstechnischen Gründen grundsätzlich nicht geblecht [29]. Die in den Gleichungen (5.10) und (5.11) enthaltenen Beziehungen zur magnetischen Flussdichte werden über ein Polynom f_{Gleit1} fünfter Ordnung erfasst. Dieses kann sozusagen als von dem Zusatzstrom abhängiger Reibungskoeffizient betrachtet werden. Die nichtlineare Geschwindigkeitsabhängigkeit wird durch das Polynom f_{Gleit2} mit linearem und kubischem Anteil beschrieben, sodass ein punktsymmetrischer Verlauf entsteht. Damit kann entsprechend eine Balance aus linearem und parabolischem Verhalten eingestellt werden. Für die Gleitreibung ergibt sich schließlich folgender Zusammenhang:

$$\begin{aligned} F_{Gleit} &= f_{Gleit1}(I_{ZS}) \cdot f_{Gleit2}(v_x) \\ &= \left(p_{R4} + p_{R5} \cdot I_{ZS} + p_{R6} \cdot I_{ZS}^2 + p_{R7} \cdot I_{ZS}^3 + p_{R8} \cdot I_{ZS}^4 + p_{R9} \cdot I_{ZS}^5 \right) \cdot \\ &\quad \left(p_{R10} \cdot v_x + p_{R11} \cdot v_x^3 \right). \end{aligned} \tag{5.16}$$

Insgesamt existieren somit elf Reibungsparameter, die zu identifizieren sind. Für diesen Zweck wird der Läufer auf eine bestimmte Geschwindigkeit beschleunigt und anschließend der Hauptstrom ausgeschaltet. Während des Auslaufens ist der Läufer durch einen bestimmten abnehmenden Geschwindigkeitsverlauf gekennzeichnet, der vom Zusatzstrom beeinflusst wird. Daher wird die Messung für verschiedene konstante Zusatzströme im Bereich von −2 bis 2 A durchgeführt. Bei dieser Vorgehensweise wird während des Auslaufvorgangs keine Antriebskraft erzeugt, was die Nichtberücksichtigung des Hauptstroms erklärt. Das bedeutet auch, dass die Trägheitskraft gleich der Reibkraft F_R ist. Somit kann unter Verwendung der Gleichungen (5.12), (5.15) und (5.16) folgende DGL aufgestellt werden:

$$\begin{aligned} &m_L \cdot \dot{v}_x = -F_R(I_{ZS}, v_x) \\ &\text{mit } m_L : \text{ Masse des Läufers.} \end{aligned} \tag{5.17}$$

Das Optimierungsproblem ergibt sich daraus zu

$$\min_{\mathbf{p}_R \in \mathbb{R}^{11}} \quad Q = \left(-m_L \cdot \dot{v}_x - F_R(I_{ZS}, v_x) \right)^2, \tag{5.18}$$

wobei die Läufermasse bekannt ist und der Beschleunigungsverlauf durch Ableitung der Geschwindigkeit gebildet wird. Die resultierende Reibkraftfunktion ist zusammen mit den Messdaten in Abbildung 5.6 dargestellt.

Es ist zu erkennen, dass mit dem Zusatzstrom die Haltekraft wächst. Bei kleinen Zusatzströmen von $I_{ZS} < 0$ ist diese sehr gering und die geschwindigkeitsabhängige Reibung ist nahezu null. Da bei $I_{ZS} = -2$ A der permanentmagnetisch bedingte Erregerfluss fast vollständig durch den zusatzstrombedingten Magnetfluss kompensiert wird, wird die annähernde Reibungsfreiheit der Luftlagerung aufgezeigt. Ab $I_{ZS} > -1$ A ist ein signifikanter Einfluss viskoser Reibung zu sehen. Dabei vergrößert sich der geschwindigkeitsabhängige Anstieg im Bereich der Haltekraft. Bei großen Geschwindigkeiten sorgen die Ummagnetisierungsverluste dann dafür, dass die Amplitude der magnetischen Flussdichte kleiner wird. Dadurch flacht der Anstieg der viskosen Reibung ab.

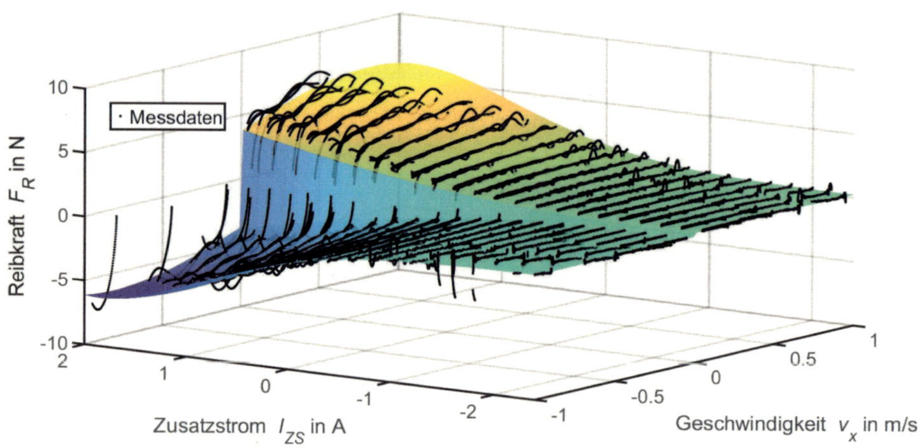

Abbildung 5.6: Identifizierte Reibungskennlinie in Abhängigkeit des Zusatzstromes und der Geschwindigkeit

5.1.4 Kraftschwankungen

Schwingungsform

Die Kraftschwankungen bilden die Störeinflüsse aufgrund von Kraftwelligkeit und Rastkräften ab. Aus Kapitel 4 ist bekannt, dass diese einen ortsperiodischen Verlauf besitzen, der als Summe von Sinus- und Cosinus-Funktionen erfasst werden kann. Die Ansatzfunktion für die Schwingungsform kann dann allgemein als Fourier-Reihe formuliert werden:

$$f_{KS,F}(s_x) = \sum_{k=1}^{N} \left[p_{KS,F,k} \cdot \sin\left(p_{KS,F,k+2} \cdot 2\pi \frac{s_x}{T_Z} \right) + p_{KS,F,k+1} \cdot \cos\left(p_{KS,F,k+2} \cdot 2\pi \frac{s_x}{T_Z} \right) \right]. \tag{5.19}$$

Aufgrund des ungleichen Wirkens von Rastkräften bei sehr kleinen und Kraftwelligkeit bei größeren Hauptströmen kommt es im dynamischen Betrieb zu sich ändernden Schwingungsformen. Das bedeutet, dass die Parameter $\mathbf{p}_{KS,F}$ aus Gleichung (5.19) nicht als konstant angenommen werden können. Die sich ändernden Schwingungsformen lassen sich mithilfe des Beschleunigungssensors nachweisen. Dabei stellt sich heraus, dass neben dem Hauptstrom die Geschwindigkeit ein zusätzlicher Einflussfaktor ist. Unberücksichtigt dabei bleiben soll der Zusatzstrom, für den lediglich eine Amplitudenskalierung angenommen wird (siehe nachfolgender Unterabschnitt). Die Varianz der Schwingungsform wird in Abbildung 5.7 deutlich, in der Schwingungsverläufe bezüglich des Phasenweges bei unterschiedlichen Geschwindigkeiten und Hauptströmen dargestellt sind.

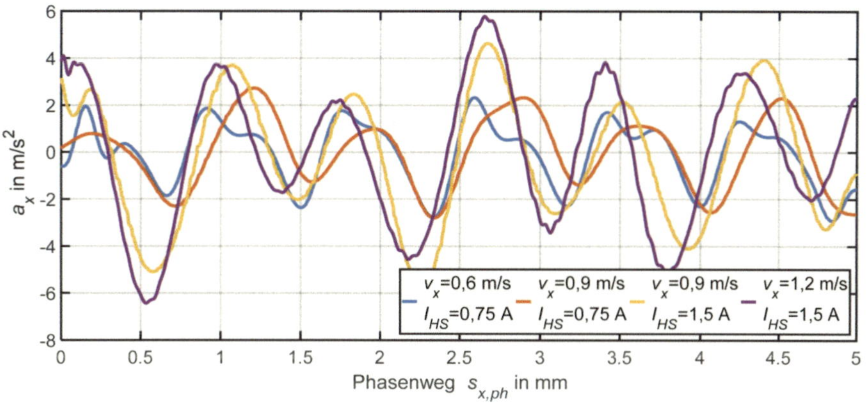

Abbildung 5.7: Varianz der Schwingungsformen bei einem Zusatzstrom von 2 A

Zunächst ist festzustellen, dass es eine Grundschwingung mit sechs Schwingungsperioden gibt. Ansonsten unterscheiden sich die Schwingungsformen voneinander, was sich bei gleichen Hauptströmen von 0,75 A und Geschwindigkeiten von 0,6 bzw. 0,9 m/s zeigt. Ebenso führt die Verdopplung des Hauptstromes von 0,75 auf 1,5 A bei ein und derselben Geschwindigkeit von 0,9 m/s zu einer anderen Schwingungsform. Bei größeren Hauptströmen nähern sich die Verläufe an, was bei einem Hauptstrom von 1,5 A und den Geschwindigkeiten von 0,9 und 1,2 m/s festzustellen ist. Unberücksichtigt bleibt dabei, dass die unterschiedlichen Amplituden den subjektiv wahrgenommenen Unterschied beeinflussen. Im Falle einer normierten Darstellung können v.a. die beiden Kurven bei I_{HS} = 1,5 A als relativ ähnlich interpretiert werden. Für die Modellfunktion (5.19) wird der Verlauf des Betriebspunktes (v_x = 0,9 m/s und I_{HS} = 1,5 A) ausgewählt und normiert. Begründet wird die Wahl damit, dass der Fokus bei der Modellbildung auf das dynamische Verhalten gerichtet ist, bei dem sich die Kraftschwankungen deutlich bemerkbar machen. Zur Bestimmung der Parameter wird erneut eine Optimierung ausgeführt, bei der der ausgewählte und normierte Schwingungsverlauf herangezogen wird. Mit $N = 2$ für die Formfunktion (5.19) erhält man schließlich einen Satz $\mathbf{p}_{KS,F}$ mit sechs Parametern.

Schwingungsstärke

Die mit Gleichung (5.19) eingeführte normierte Schwingungsform gibt nur das qualitative Verhalten wieder. Aus diesem Grund erfolgt eine Multiplikation mit einer Gewichtungsfunktion, welche die Amplitude der Schwingungsform in Abhängigkeit des Betriebszustandes bewertet und somit skaliert. Es soll insbesondere hier darauf hingewiesen werden, dass aufgrund der Komplexität des vorliegenden Systems Methoden der experimentellen Modellbildung notwendig sind. Das heißt, dass die dargestellten Ergebnisse auf Beobachtungen und iterativer Anpassung der Modellgleichungen beruhen, die mithilfe von Blackbox-Ansätzen ermittelt werden [4].

Aus den bisherigen Erkenntnissen der Abschnitte 5.1.2 und 5.1.3 ist zu schließen, dass als bestimmende Einflussgrößen die Geschwindigkeit v_x sowie der Haupt- und Zusatzstrom I_{HS} bzw. I_{ZS} verwendet werden können. Die Gewichtungsfunktion der Schwingungsstärke $f_{KS,St}$ besteht aus dem Produkt einer inneren Verhaltensfunktion $f_{KS,St,Verh}$ und einer Bewertungsfunktion, die in Form eines Polynoms f_{Pol} vorliegt:

$$f_{KS,St} = f(I_{HS}, I_{ZS}, v_x) = f_{KS,St,Verh}(I_{HS}, I_{ZS}, v_x) \cdot f_{Pol}(I_{ZS}) \,. \tag{5.20}$$

Die grundsätzliche Charakteristik der beiden Terme wird vom Zusatzstrom I_{ZS} bestimmt. Der erste Term ist durch sich ändernde charakteristische Verhaltensfunktionen $f_{KS,Verh1}$ und $f_{KS,Verh2}$ gekennzeichnet. In Abhängigkeit des Zusatzstromes sind diese Funktionen unterschiedlich stark ausgeprägt und werden mit jeweils linearen Funktionen f_{Lin1} und f_{Lin2} bewertet. Die Verhaltensfunktion ergibt sich somit als gewichtete Balance zu:

$$
\begin{aligned}
&f_{KS,St,Verh} = f_{KS,Verh1}(I_{HS}, v_x) \cdot f_{Lin1}(I_{ZS}) + f_{KS,Verh2}(v_x) \cdot f_{Lin2}(I_{ZS}) \\
&\text{mit} \\
&f_{KS,Verh1} = |I_{HS}| \cdot |v_x| \\
&f_{KS,Verh2} = v_x^2 \\
&\quad f_{Lin1} = p_{KS,St1} + p_{KS,St2} \cdot I_{ZS} \\
&\quad f_{Lin2} = p_{KS,St3} + p_{KS,St4} \cdot I_{ZS} \,.
\end{aligned} \tag{5.21}
$$

Ein zufriedenstellendes Ergebnis kann alleine mit Gleichung (5.21) nicht erhalten werden. Aufgrund des signifikanten Einflusses des Zusatzstroms wird die Verhaltensfunktion mit einem Polynom zweiter Ordnung bewertet, und es ergibt sich schließlich für die Stärke der Kraftschwankungen insgesamt:

$$
\begin{aligned}
f_{KS,St} &= f_{KS,St,Verh}(I_{HS}, I_{ZS}, v_x) \cdot f_{Pol}(I_{ZS}) \\
\text{mit}\, f_{Pol}(I_{ZS}) &= p_{KS,St5} + p_{KS,St6} \cdot I_{ZS} + p_{KS,St7} \cdot I_{ZS}^2 \,.
\end{aligned} \tag{5.22}
$$

Aus den beiden linearen Bewertungsfunktionen f_{Lin1} und f_{Lin2} mit jeweils zwei und der quadratischen Bewertungsfunktion f_{Pol} mit drei Parametern ergeben sich insgesamt sieben Parameter für die Stärke der Kraftschwankungen (5.22).

Eine Herausforderung bei der Optimierung ist, ein äquivalentes Maß zu finden, welches der Stärke der Kraftschwankungen entspricht. Als Ausgangsgröße wird dafür das gemessene Schwingungssignal des Beschleunigungssensors $a_x(t)$ verwendet, aus welchem zunächst die Absolutwerte berechnet werden. Anschließend erfolgt eine Tiefpassfilterung zur Glättung des erhaltenen Verlaufs, sodass sich als Referenzgröße

$$
\begin{aligned}
a_{x,KS,St}(t) &= \mathrm{TP}\left(|a_x(t)|\right) \\
\text{mit}\; a_x(t) &= a_x(I_{HS}(t), I_{ZS}, v_x(t))
\end{aligned} \tag{5.23}
$$

ergibt. Um einen möglichst variablen Eingangsraum (I_{HS}, I_{ZS}, v_x) abzubilden, wird für den Hauptstrom ein Chirp-Signal verwendet. Das bedeutet, dass der Läufer auf der Linearachse schneller werdende Richtungsänderungen ausführt. Ein solches Chirp-Experiment wird jeweils für konstante Zusatzströme im Bereich von −2 bis 2 A durchgeführt. Das Optimierungsproblem kann dann auf Grundlage der Gleichungen (5.22) und (5.23) aufgestellt werden, um den Parametersatz $\mathbf{p}_{KS,St}$ zu ermitteln:

$$
\min_{\mathbf{p}_{KS,St} \in \mathbb{R}^7} \quad Q = \left(a_{x,KS,St}(t) - f_{KS,St}(I_{HS}, I_{ZS}, v_x)\right)^2 . \tag{5.24}
$$

Um auf die beiden Verhaltensfunktionen $f_{KS,Verh1}$ und $f_{KS,Verh2}$ der Gleichung (5.21) aufmerksam zu machen, wird das Ergebnis der identifizierten Schwingungsstärke (5.22) für die beiden Extremfälle −2 und 2 A in Abbildung 5.8 gezeigt. Es ist zu erkennen, dass bei einem Zusatzstrom von −2 A die Verhaltensfunktion f_{Verh1} am deutlichsten ausgeprägt ist. Mit steigendem Zusatzstrom verschiebt sich die Balance dann in Richtung f_{Verh2}, die eine quadratische Geschwindigkeitsabhängigkeit aufweist. Das stellt einen Unterschied zu der in [23] ermittelten exponentiellen Abnahme der Kraftschwankungsamplitude dar, bei der allerdings nur Rastkräfte betrachtet worden sind. Aus theoretischer Sicht ist diese geschwindigkeitsabhängige Abnahme mit dem Auftreten von Ummagnetisierungsverlusten zu begründen.

Das hier erhaltene umgekehrte Verhalten ist mit der Charakteristik eines Phasenmoduls verbunden, welches als PT_2-Schwingungsglied beschrieben werden kann und damit eine Eigenkreisfrequenz besitzt [123, S. 247]. Das heißt, dass sich der Läufer bei Geschwindigkeiten bis 1 m/s im Anstieg des Amplitudenfrequenzganges befindet. Diese Starrkörperbewegungen können außerdem noch mit strukturmechanischen Schwingungen (siehe Abschnitt 2.4.3) überlagert sein. Somit sind die erhaltenen Ergebnisse so zu deuten, dass die Annäherung zur Resonanzstelle mehr Gewicht als die Abnahme der Kraftanregung durch Ummagnetisierungsverluste hat.

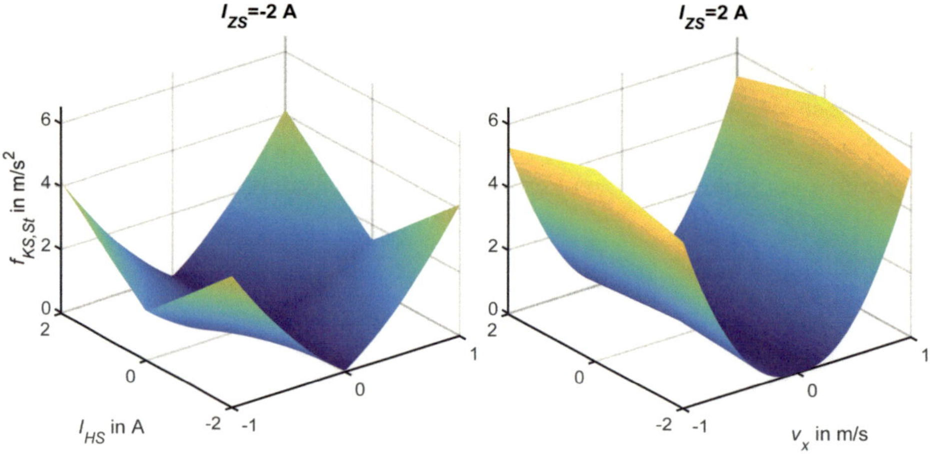

Abbildung 5.8: Einfluss des Zusatzstromes auf das qualitative Verhalten der Schwingungsstärke

Neben der qualitativen Veränderung hat der Zusatzstrom einen quantitativen Einfluss, der in Abbildung 5.9 veranschaulicht wird. Dabei sind der Hauptstrom mit $I_{HS} = 0{,}8$ A und die Geschwindigkeit mit v_x = 0,5 m/s vorgegeben. Es zeigt sich, dass die Kraftschwankungen mit größer werdenden Zusatzstrom steigen und oberhalb von 0 A besonders stark zunehmen.

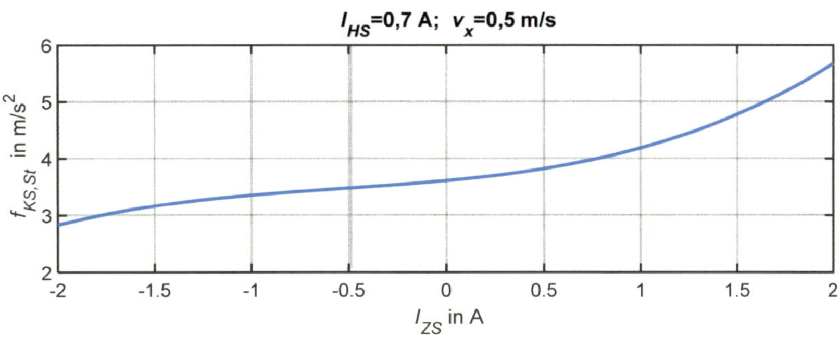

Abbildung 5.9: Einfluss des Zusatzstromes auf das quantitative Verhalten der Schwingungsstärke

Insgesamt ergibt sich dann unter Berücksichtigung der Schwingungsform (5.19) und der Schwingungsstärke (5.22) die Modellgleichung

$$F_{KS} = f_{KS,F}(s_x) \cdot f_{KS,St}(I_{HS}, I_{ZS}, v_x) \cdot c_{KS} = f_{KS,F} \cdot F_{KS,St} \tag{5.25}$$

für die Kraftschwankungen. Da es sich hierbei um eine Beschleunigung handelt, erhält man durch Multiplikation mit der Läufermasse m_L, die 1,8 kg beträgt, eine Kraft. Da im dynamischen Betrieb Reibkräfte zu berücksichtigen sind, ist die exakte Kraftbestimmung nicht eindeutig möglich und tendenziell auch eine größere Wirkung zu erwarten. Daher wird als Faktor c_{KS} = 2 kg gewählt.

5.1.5 Gesamtmodell

Für die Modellierung des dynamischen Verhaltens des LHSM können nun die in den Abschnitten 5.1.1 bis 5.1.4 vorgestellten Teilkomponenten zu einem Gesamtsystem zusammengefügt werden.

Die Verzögerung des Hauptstromes wird mit der in Abschnitt 5.1.1 aufgestellten linearen DGL erster Ordnung beschrieben:

$$I_{0,HS}(t) = I_{HS}(t) + \tau_{HS} \cdot \frac{dI_{HS}(t)}{dt}. \tag{5.26}$$

Da nur eine bewegte Masse vorhanden ist, wird für die Modellierung der Bewegungsdynamik auf die Newton-Euler-Methode zurückgegriffen [102]. Unter Verwendung der statischen Antriebskraft (5.7), der Reibkraft (5.12) und der Kraftschwankungen (5.25) ergibt sich damit folgende nichtlineare Bewegungs-DGL zweiter Ordnung:

$$m_L \cdot \ddot{s}_x = F_A(I_{HS}, I_{ZS}) - F_R(I_{ZS}, \dot{s}_x) + F_{KS}(I_{HS}, I_{ZS}, \dot{s}_x, s_x) . \tag{5.27}$$

Der Einfluss einer Kabelschleppe, welche als Federsteifigkeit modelliert werden kann (siehe Anhang A.3 und [137]), ist aufgrund der am Prüfstand aufgebauten kraftvermindernden Kabelmitführung verhältnismäßig gering, sodass darauf verzichtet wird.

Die Gleichungen (5.26) und (5.27) können in eine nichtlineare Zustandsraumdarstellung überführt werden, die allgemein folgende Form aufweist:

$$\begin{aligned} \dot{\mathbf{x}} &= \mathbf{f}(\mathbf{x}, \mathbf{u}) \\ \mathbf{y} &= \mathbf{h}(\mathbf{x}, \mathbf{u}). \end{aligned} \tag{5.28}$$

Die Systemordnung ist entsprechend der Summe der beiden DGL-Ordnungen drei. Der Zustandsvektor $\mathbf{x}$, die Eingangsgrößen $\mathbf{u}$ sowie die Ausgangsgrößen $\mathbf{y}$ sind wie folgt definiert:

$$\mathbf{x} = \begin{pmatrix} I_{HS} \\ s_x \\ v_x \end{pmatrix}; \mathbf{u} = \begin{pmatrix} I_{0,HS} \\ I_{0,ZS} = I_{ZS} \end{pmatrix}; \mathbf{y} = \begin{pmatrix} s_x \\ v_x \end{pmatrix}. \tag{5.29}$$

Dabei erkennt man, dass es sich um ein Mehrgrößensystem (MIMO-System) mit zwei Ein- und Ausgängen handelt. Nun kann mit der nichtlinearen Zustandsraumdarstellung (5.28) und den identifizierten Parametern das Gesamtverhalten des LHSM mit variabler Erregung simuliert werden. Dabei muss erwähnt werden, dass in den Ummagnetisierungsverlusten der Hauptstrom noch nicht berücksichtigt worden ist (siehe Abschnitt 5.1.3). Daher ist eine Anpassung der Parameter unter Verwendung dynamischer Messfahrten notwendig. Da in $F_R(I_{ZS}, \dot{s}_x)$ der Hauptstrom I_{HS} allerdings nicht vorkommt, wird die aus statischen Messungen erhaltene Kraftkennlinie $F_A(I_{HS}, I_{ZS})$ einbezogen. In diesem Zusammenhang kann man die beiden Teilkräfte zu einer dynamischen Antriebskraft F_{Dyn} zusammenfassen:

$$F_{Dyn}(I_{HS}, I_{ZS}, \dot{s}_x) = F_A(I_{HS}, I_{ZS}) - F_R(I_{ZS}, \dot{s}_x) . \tag{5.30}$$

Das Ziel ist folglich für dynamische Betriebszustände, die darin enthaltenen Parametersätze zu adaptieren. Aus diesem Grund erfolgen Experimente im Definitionsbereich des Zusatzstromes von −2 bis 2 A in Schritten von 0,5 A und jeweils Hauptstromanregungen mit Chirp- und Rausch-Signalen.

Zur Optimierung wird die ***Simulink Design Optimization Toolbox*** verwendet [82]. Dabei werden die aufgenommenen Eingangsgrößen $\mathbf{u}$ auf das in Simulink implementierte Systemmodell gegeben. Die numerische Simulation liefert dann den zeitlichen Verlauf der Ausgangsgrößen $\mathbf{y}$, die mit den Messdaten $\mathbf{y}_{Mess}$ verglichen werden können. Unter Verwendung von Gleichung (5.28) wird dabei folgendes Optimierungsproblem gelöst [47]:

$$\begin{aligned} \min_{\mathbf{p}_{Dyn}\in\mathbb{R}^{16}} \quad & \left(\mathbf{y}_{Mess}-\mathbf{y}\right)^2 = \left(\mathbf{y}_{Mess}-\mathbf{h}(\mathbf{x},\mathbf{u})\right)^2 \\ \text{u.B.v.} \quad & \dot{\mathbf{x}} = \mathbf{f}(\mathbf{x},\mathbf{u},\mathbf{p}_{Dyn}) \\ & \text{mit } \mathbf{p}_{Dyn}^{\mathrm{T}} = \left[\mathbf{p}_A^{\mathrm{T}} \quad \mathbf{p}_R^{\mathrm{T}}\right]. \end{aligned} \tag{5.31}$$

Der zu optimierende Parametersatz $\mathbf{p}_{Dyn}$ setzt sich aus den Kraft- $\mathbf{p}_A$ und Reibungsparametern $\mathbf{p}_R$ zusammen. Als initiale Parameter werden die bereits in den Abschnitten 5.1.2 und 5.1.3 ermittelten Werte verwendet, was den Optimierungsaufwand deutlich reduziert. Bei der Optimierung wird die auf Heuristiken basierende Patternsearch-Methode verwendet, womit sich für nichtlineare und ableitungsfreie Probleme gute Ergebnisse erzielen lassen [27]. Der Vorteil ist, dass man nicht auf gradientenbasierte Verfahren angewiesen ist und bei Problemen mit mehreren lokalen Minima eine bessere Chance hat, das globale Optimum zu finden.

Das Ergebnis sind adaptierte Parameter der dynamischen Antriebskraft (5.30), sodass das Gesamtmodell des LHSM für dynamische Simulationen genutzt werden kann. Zur Darstellung des Identifikationsergebnisses wird exemplarisch in Abbildung 5.10 eine Validierungsfahrt mit dem zeitlichen Verlauf der Ein- und Ausgangsgrößen gezeigt. Für den Hauptstrom $I_{0,HS}$ werden Sprünge vorgegeben und der Zusatzstrom $I_{0,ZS} = I_{ZS}$ führt ein Chirp-Signal aus.

Zunächst soll der Geschwindigkeitsverlauf v_x betrachtet werden, der eine gute Übereinstimmung mit dem Modell aufweist. Lediglich bei Geschwindigkeiten nahe 0 m/s kommt es zu leichten Abweichungen, die dann bei der Position s_x aufgrund der Integration zu einem leichten Auseinanderdriften von Modell und Messung führen. Besonders in der ersten Rechteckperiode bis 1 s kann der Einfluss des Zusatzstromes auf das Antriebsverhalten analysiert werden. Da bei positivem Hauptstrom der Zusatzstrom bis zu einem Minimum abnimmt, erreicht die Geschwindigkeit bei weitem nicht den Betrag wie in der darauffolgenden negativen Bewegungsrichtung. Denn in dieser Phase steigt der Zusatzstrom bis zu einem Maximum. Mit steigender Chirp-Frequenz heben sich diese Unterschiede aufgrund von Ummagnetisierungsverlusten und mechanischer Trägheit auf. Insgesamt kann gesagt werden, dass das qualitative Verhalten der Position, welches durch eine wechselnde Bewegungsrichtung gekennzeichnet ist, durch das Simulationsmodell sehr gut wiedergegeben wird.

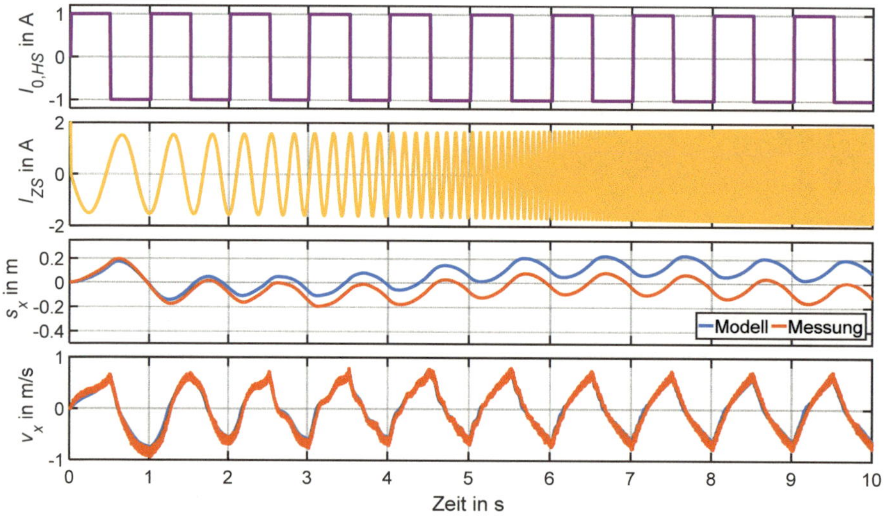

Abbildung 5.10: Validierung des identifizierten Gesamtmodells des LHSM

Des Weiteren ist zu erwähnen, dass das ohnehin schon durch verschiedene physikalische Domänen und mit Nichtlinearitäten geprägte reale Systemverhalten durch das Vorhandensein des Zusatzstromes noch komplexer wird. Das entwickelte Modell stellt einen Kompromiss aus Komplexität und der Abbildung des wesentlichen Systemverhaltens in analytischer Form dar. Da viele dynamische Anwendungsfälle in die Identifikation über den kompletten Betriebsbereich des Zusatzstromes eingeflossen sind, ist das Modell eine gute Basis für Analysen und geeignet für einen Reglerentwurf. Vor allem dient es aber dazu, eine möglichst optimale Bestromung der Zusatzspulen hinsichtlich einer Reduzierung von Schwingungen und Geräuschen zu finden, was in den nächsten Abschnitten thematisiert werden soll.

5.2 Ansteuerung der Zusatzspulen

5.2.1 Grundsätzliche Überlegungen

Im vorhergehenden Abschnitt wurde gezeigt, dass der Zusatzstrom als Eingangsgröße das Systemverhalten des LHSM wesentlich beeinflusst. Dieser Sachverhalt soll hier aufgegriffen werden, um eine Strategie zur Reduzierung der Kraftschwankungen zu entwickeln. Die Problemstellung lautet, wie der Zusatzstrom angesteuert werden muss, damit der LHSM möglichst geräuschminimal und antriebseffizient fährt. Zur Lösungsfindung werden zunächst einige Ideen diskutiert.

In Anlehnung an die Rastkraft-Kompensation könnte die identifizierte Schwingungsform (siehe Abschnitt 4.2) als gegenphasiges Vorsteuersignal verwendet werden. Gegen diesen Ansatz spricht die Variabilität der Schwingungsform. Außerdem wird der Zusatzstrom dabei vernachlässigt, sodass dieser Ansatz keine Option ist.

Da wie in Abschnitt 5.1.4 gesehen, die Kraftschwankungen vom Zusatzstrom abhängig sind (siehe Abbildung 5.9), ist es zunächst naheliegend, einen niedrigen Zusatzstrom anzustreben. Dagegen spricht allerdings, dass der LHSM die grundsätzliche Voraussetzung zur Antriebskrafterzeugung verliert, was bei Betrachtung der Kraftkennlinie (siehe Abbildung 5.5) deutlich wird. Hier deutet sich ein Zielkonflikt an. Daher soll zunächst die Betriebsfähigkeit des LHSM sichergestellt werden, indem die dynamische Antriebskraft F_{Dyn} näher betrachtet wird.

Für die Erzeugung einer bestimmten Antriebskraft wird eine ausreichende magnetische Erregung benötigt. Am besten gelingt das bei einem großen Zusatzstrom, sodass sich der LHSM wie ein konstant erregter Motor (siehe Kapitel 4) verhält. In dieser Einstellung wirkt die Reibkraft relativ stark der Bewegungsrichtung entgegen, v.a. wenn der LHSM nur wenig oder keine Antriebskraft benötigt, was bei gleichförmiger Bewegung der Fall ist. Hier ist es wünschenswert, die Reibkraft durch Verringern des Zusatzstromes zu reduzieren. Ein daraus resultierender positiver Nebeneffekt ist, dass auch die Kraftschwankungen sinken. Auf Grundlage der aufgestellten Anforderungen kann als Ziel das Ermitteln einer vom Betriebszustand des LHSM abhängigen Ansteuerungsfunktion für den Zusatzstrom formuliert werden. Zur Lösung dieses Problems wird auf die Ergebnisse des identifizierten LHSM-Modells zurückgegriffen.

5.2.2 Modellbasierte Optimierung

Um den aufgestellten Forderungen nach ausreichender Krafterzeugung bei gleichzeitiger Reibungsminderung nachzukommen, wird die dynamische Kraft F_{Dyn} nach Gleichung (5.30) herangezogen. Im Sinne eines effizienten Antreibens des LHSM soll diese maximiert werden:

$$\begin{aligned} &\max_{I_{ZS}} \quad F_{Dyn}(I_{HS}, I_{ZS}, v_x) \\ &\text{u.B.v.} \; -2\,\text{A} \leq I_{ZS} \leq 2\,\text{A}. \end{aligned} \tag{5.32}$$

Der dazu in Abhängigkeit des Betriebszustandes (I_{HS}, v_x) erforderliche Zusatzstrom I_{ZS} ist das Ergebnis dieser Optimierung. Zur Veranschaulichung des Problems wird in Abbildung 5.11 die Kennlinie der dynamischen Kraft für einen festen Hauptstrom von 1 A gezeigt. Es ist zu erkennen, dass bei geringer Geschwindigkeit der Verlauf der Kraftfunktion nahezu linear ist und folglich wird das Maximum mit der oberen Grenze des Zusatzstromes von $I_{ZS} = 2$ A erreicht. Bei größeren Geschwindigkeiten verändert sich die Kennlinie als Folge der verstärkten Reibkraftwirkung, sodass die dynamische Kraft negativ wird. Das bedeutet auch, dass bei dem Nulldurchgang für den gegebenen Hauptstrom die maximal erreichbare Geschwindigkeit definiert ist, die in diesem Fall bei ca. 1 m/s liegt. Des Weiteren verändert sich die Kennlinie in eine nach unten offene Parabel, sodass die maximale dynamische Kraft bzw. die minimale Reibkraft mit einem Zusatzstrom erreicht wird, der innerhalb der definierten Grenze liegt.

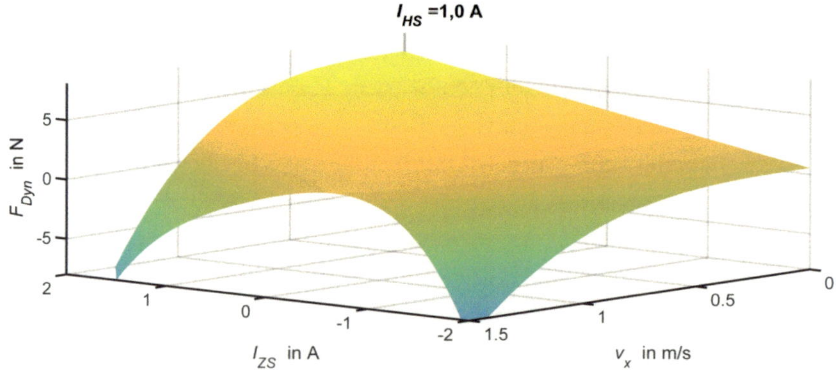

Abbildung 5.11: Dynamische Antriebskraft bei einem Hauptstrom von 1 A

Mit der Geschwindigkeit v_x und dem Hauptstrom I_{HS} ist der Eingangsraum der Ansteuerfunktion für den Zusatzstrom definiert, woraus sich allgemein folgende Abbildungsvorschrift ergibt:

$$f_{ZS} : I_{HS}, v_x \rightarrow I_{ZS}. \tag{5.33}$$

Das Optimierungsproblem (5.32) gewährleistet den grundlegenden Betrieb des LHSM. Außerdem sorgt es für eine effiziente Krafterzeugung durch Absenken des Zusatzstromes bei größeren Geschwindigkeiten, was auch die Reduzierung von Kraftschwankungen begünstigt.

Zusätzlich kann als weiteres Zielkriterium die Minimierung der Kraftschwankungen einbezogen werden. Da die Schwingungsform dabei irrelevant ist, ist die Stärke $F_{KS,St}$ des Kraftschwankungsmodells (5.25) zu minimieren:

$$\begin{aligned} &\min_{I_{ZS}} \quad F_{KS,St}(I_{HS}, I_{ZS}, v_x) \\ &\text{u.B.v.} \ -2\,\text{A} \le I_{ZS} \le 2\,\text{A}. \end{aligned} \tag{5.34}$$

Folglich stellen die Gleichungen (5.32) und (5.34) ein Optimierungsproblem mit mehreren sich widersprechenden Zielkriterien dar, sodass ein Zielkonflikt entsteht [33]. Die zielkonfliktverursachende Größe ist der Zusatzstrom, der hinsichtlich der Minderung von Reibung und Kraftschwankungen möglichst niedrig sein sollte. Andernfalls muss er groß genug sein, um die Betriebsfähigkeit des LHSM zu erhalten.

Eine häufig angewandte Methode der multikriteriellen Optimierung ist die relative Gewichtung der einzelnen Zielkriterien. Diese Vorgehensweise setzt ein a-priori Wissen über die Präferenzen der gesamten Zielsetzung voraus [78]. Als primäres Kriterium ist, aufgrund der Bedeutung für die Funktionsfähigkeit des LHSM, die Maximierung der dynamischen Antriebskraft (5.32) zu sehen. Um eine relative Bewertung zu erhalten, wird das zweite Zielkriterium mit einem Gewichtungsfaktor w_{KS} multipliziert. Mit der erläuterten Vorgehensweise kann dann ein gewöhnliches Optimierungsproblem mit einem neuen Zielkriterium aufgestellt werden:

$$\begin{aligned} &\min_{I_{ZS}} \quad \left(-F_{Dyn}(I_{HS}, I_{ZS}, v_x) + w_{KS} \cdot F_{KS,St}(I_{HS}, I_{ZS}, v_x)\right) \\ &\text{u.B.v.} \ -2\,\text{A} \le I_{ZS} \le 2\,\text{A}. \end{aligned} \tag{5.35}$$

Da es sich bei der Optimierung (5.32) um eine Maximierung handelt, wird ein negatives Vorzeichen bei F_{Dyn} vorangestellt, sodass diese als Minimierung behandelt werden kann [11]. Unter der Prämisse, einer möglichst großen Reduzierung der Kraftschwankungen, wird der Gewichtungsfaktor so groß gewählt, dass das dynamische Verhalten des

LHSM nicht negativ beeinflusst wird. Auf Basis von empirischen Untersuchungen am realen LHSM wird der Gewichtungsfaktor zu $w_{KS} = 0{,}5$ bestimmt.

Ergebnisse

Auf Basis der Optimierungsaufgabe (5.35) kann der Eingangsraum definiert werden. Dafür werden Stützstellen im Bereich von $v_x = [0; 1{,}4]$ m/s und $I_{HS} = [0; 5]$ A verwendet und die Optimierung wird für jede mögliche Kombination im Eingangsraum ausgeführt.

Das Ergebnis ist dann die in Abbildung 5.12 dargestellte Kennlinie für den optimalen Zusatzstrom. Diese ist dadurch gekennzeichnet, dass bei der Notwendigkeit einer bestimmten Antriebskraft ein dafür erforderlicher Zusatzstrom bereitgestellt wird. Bei geringen Geschwindigkeiten wird dabei der obere Grenzbereich erreicht, sodass sich ein Plateau bei 2 A ausbildet.

Bei kleinen Haupt- bzw. Stellströmen gibt es einen Bereich, der sich unterhalb von 0 A befindet und somit die magnetische Erregung verringert. Das bedeutet eine Minderung von Reibung und Kraftschwankungen bei geringer Antriebskraft, die in Phasen gleichförmiger Bewegung vorliegt. Bei zusätzlich kleinen Geschwindigkeiten liegen die niedrigsten Zusatzströme bei annähernd −2 A. Dadurch ist das Verhalten im gesteuerten Betrieb, sprich der Vorgabe des Hauptstromes, durch ein nahezu reibungs- und kraftschwankungsfreies Gleiten gekennzeichnet.

Aufgrund des relativ steilen Anstiegs von ca. −2 auf 2 A bei Beschleunigung aus der Ruhelage entstehen allerdings ruckartige Bewegungen. Außerdem führt die unzureichende magnetische Erregung im positionsgeregelten Betrieb (siehe Abschnitt 5.3) dazu, dass der LHSM aus der statischen Sollposition gleitet. Als Folge reagiert der Regler durch eine Vergrößerung des Hauptstromes, der den Läufer zurück in die Sollposition bringt. Daraufhin wird der Hauptstrom wieder kleiner und mit diesem auch der Zusatzstrom, was wieder zu einem Weggleiten des Läufers führt. Um diesen oszillierenden Verhalten entgegen zu wirken, wird die optimierte Ansteuerfunktion manuell bei kleinen Geschwindigkeiten und gerade bei $v_x = 0$ m/s erhöht, indem der Zusatzstrom bis zur oberen Grenze angehoben wird. Im gesteuerten Betrieb sind damit ein sanfteres Anfahren und ein schnelles Abbremsen zu beobachten.

Da die Ansteuerfunktion für die Zusatzspulen auf Basis eines identifizierten Systemmodells des LHSMs beruht, ist die Robustheit bei der Anwendung für andere Bauformen von Motoren, die sich beispielsweise in Größe und Magnetkreiseigenschaften unterscheiden zu überprüfen. Hier könnten Anpassungen der Kennlinie, beispielsweise durch Offset-Verschiebung, zu schnellen positiven Ergebnissen führen.

Weiterhin ist anzumerken ist, dass das identifizierte Systemmodell das Ergebnis der Optimierung und damit die Ansteuerfunktion bestimmt. Kleinere Modelländerungen, die das Systemverhalten hinreichend gut abbilden, haben keinen signifikanten Einfluss. Vielmehr kann eine zu große Gewichtung der Kraftschwankungen das Betriebsverhalten massiv verschlechtern. Denn mit größerer Gewichtung der Kraftschwankungen wird die Kennlinie in Richtung der unteren Grenze der magnetischen Erregung verschoben. Das führt dann in den Gleichlaufphasen zu einem Ruckeln, da die Antriebskraft zu gering ist, um der Sollposition zu folgen.

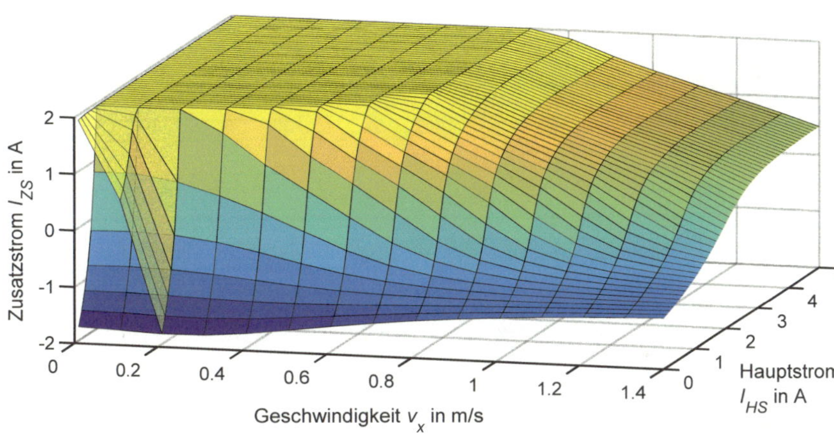

Abbildung 5.12: Optimierter Zusatzstrom mit Modifikation der Kennlinie

Implementierung

Die Implementierung der in Abbildung 5.12 gezeigten modifizierten Ansteuervorschrift f_{ZS} erfolgt in Form einer Look-Up-Tabelle, welche den zweidimensionalen Eingangsbereich durch lineare Interpolation vollständig abbilden kann. Aufgrund der Charakteristik des optimierten Zusatzstroms kann es in Abhängigkeit von den Eingangsgrößen zu schnellen Änderungen der Systemdynamik kommen. Das hat Auswirkungen auf die Ausgangsgrößen des LHSM (s_x, v_x). Diese beeinflussen wiederum, v.a. im Regelungsbetrieb, die Eingangssignale der Ansteuerfunktion (I_{HS}, v_x) und damit den Zusatzstrom so sehr, dass es in der Ruhelage zu hörbaren Geräuschen aufgrund von Schwingungen kommt. Um diese Rückkopplungseffekte zu mindern, wird eine

Tiefpassfilterung der Eingangssignale durchgeführt. Damit wirken sich das Rauschen, das bei der Erzeugung des Geschwindigkeitssignals entsteht (siehe Abschnitt 5.3.1) sowie die Schwankungen des Hauptstroms im Regelungsbetrieb weniger stark aus und die dadurch verursachten Geräusche können eliminiert werden.

Des Weiteren ist aufgrund der angenommenen Richtungsunabhängigkeit des optimierten Zusatzstromes eine Betragsbildung der Eingangsgrößen vorzunehmen. Eine Einordnung des zu implementierenden Funktionsbausteins innerhalb der Echtzeitprozessebene wird in Abbildung 5.13 gezeigt. Die Kommutierung der drei Hauptstromphasen ist hier explizit für den realen LHSM dargestellt. Alle Zusatzspulen werden mit den berechneten Werten der Ansteuerfunktion angesteuert.

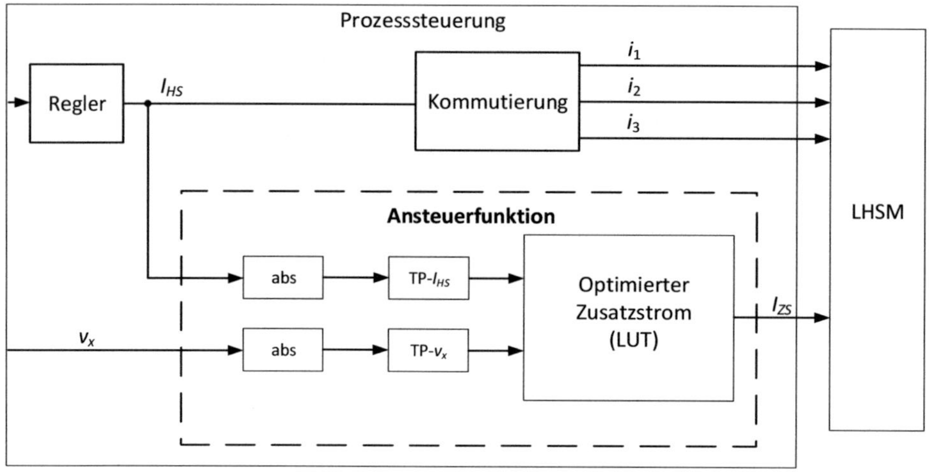

Abbildung 5.13: Implementierung der Ansteuerfunktion für den Zusatzstrom

5.3 Positionsregelung

Die meisten Anwendungsaufgaben in der Antriebstechnik erfordern heutzutage einen positionsgeregelten Betrieb. Gewöhnlich wird dafür in der Industrie eine Kaskadenstruktur verwendet, die von innen nach außen aus Strom- Drehzahl- und Lageregelung aufgebaut ist. Damit soll möglichst schnell auf innere Störungen reagiert werden. Außerdem kann die Inbetriebnahme schrittweise erfolgen [46]. Dennoch kann auch der klassische PID-Regler, sogar bei Präzisionsantrieben wie in [146], zur Positionsregelung angewendet werden. Da die Stromregelung des LHSM-Prüfstands analog erfolgt und aufgrund der Kompaktheit und Benutzerfreundlichkeit wird hier ebenfalls zunächst ein PID-Regler eingesetzt. Anschließend soll dieser mit weiteren untersuchten Reglerstrategien verglichen werden.

Der Hauptzweck des Reglerentwurfs in diesem Abschnitt ist die Validierung der Ansteuerfunktion der Zusatzspulen. Deren primäres Ziel ist die Reduzierung von Kraftschwankungen, was idealerweise zu einer Geräuschreduzierung führt. Dieses Ziel soll allerdings nicht durch eine deutliche Verschlechterung der Positionsregelung „erkauft" werden. Gerade wenn der LHSM mit niedrigem Zusatzstrom betrieben wird, kann man sich vorstellen, dass dieser langsamer auf Störungen und Regelabweichungen reagiert. Es ist demnach davon auszugehen, dass die Regelungsgenauigkeit und Reduzierung von Kraftschwankungen offensichtlich im Widerspruch stehen. Daher soll in diesem Abschnitt hauptsächlich überprüft werden, ob der Einsatz der Ansteuerfunktion die gestellte Regelungsaufgabe im Vergleich zu einem konstant erregten LHSM mit $I_{ZS} = 2$ A ohne große Einbußen erfüllt.

Einen Überblick der grundsätzlichen Reglerstruktur unter Verwendung der Ansteuerfunktion ist in Abbildung 5.14 als Blockschaltbild zu sehen.

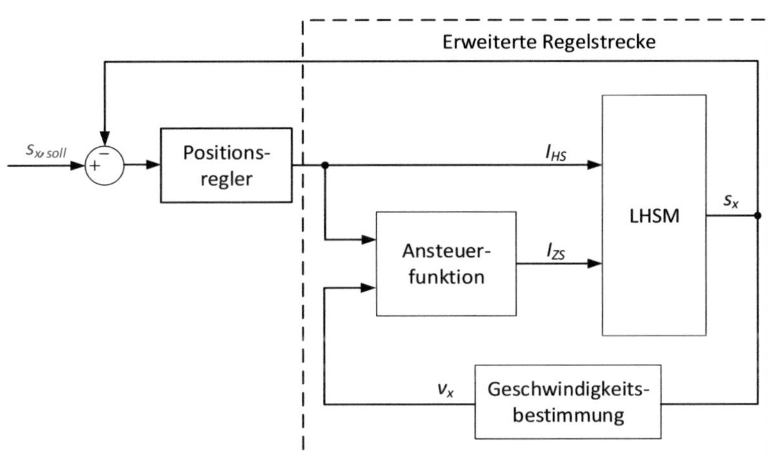

Abbildung 5.14: Erweiterte Regelstrecke mit Ansteuerfunktion

Da durch die Ansteuerfunktion der Zusatzstrom nun bestimmt ist und die Position als Regelgröße fungiert, wird aus dem MIMO-System eine erweiterte Regelstrecke mit nur einem Ein- und Ausgang. Die in Abbildung 5.13 noch aufgeführte Kommutierung kann als Teil des Blocks „LHSM" betrachtet werden und die „Ansteuerfunktion" beinhaltet die Look-Up-Tabelle des optimierten Zusatzstromes sowie die Maßnahmen zur Signalkonditionierung (Absolutwertbildung und Tiefpassfilterung).

5.3.1 Bestimmung der Geschwindigkeit

Die in Kapitel 4 entwickelten Methoden für den konstant erregten LHSM setzen eine Geschwindigkeitsregelung voraus. Diese wird ebenso für die Initialisierungsfahrt (siehe Abschnitt 3.6) und nun für die implementierte Ansteuerfunktion benötigt. Das bedingt, dass die aktuelle Geschwindigkeit des Läufers zur Verfügung steht. Zur Geschwindigkeitsbestimmung existieren verschiedene Methoden, die nachfolgend kurz vorgestellt werden sollen.

Differenzieren eines Positionssignals

Da der LHSM ein inkrementelles Positionssignal zur Verfügung stellt, kann durch Bildung des Differenzenquotienten das Geschwindigkeitssignal einfach ermittelt werden:

$$\hat{v}_x = \frac{s_x(k) - s_x(k-1)}{T_{Samp}}. \tag{5.36}$$

Die Qualität dieses Signals ist von der Quantisierung bzw. der Auflösung q_{sx} des Positionsmesssystems abhängig. Ist die Quantisierung groß bzw. die Auflösung klein, kann das zu erheblichen Verfälschungen und Rauschen führen. Denselben Effekt kann eine große Abtastzeit T_{Samp} haben. Wenn der Verlauf des Positionssignals sich einem kontinuierlichen Verhalten annähert, gilt für diesen Idealfall:

$$\hat{v}_x = \lim_{T_{Samp} \to 0} \frac{s_x(k) - s_x(k-1)}{T_{Samp}} = \frac{ds_x}{dt}. \tag{5.37}$$

Festzuhalten ist somit, dass eine hohe Auflösung und eine geringe Abtastzeit ein durch Differenzieren gebildetes Geschwindigkeitssignal begünstigen. Als Randbemerkung soll hinzugefügt werden, dass eine Verringerung der Abtastzeit zu einer Erhöhung der Quantisierung der Geschwindigkeit q_{vx} entsprechend

$$q_{vx} = \frac{q_{sx}}{T_{Samp}} \tag{5.38}$$

führt [46]. Da im Allgemeinen der Rauschlevel größer als die Quantisierung ist, spielt dieser Einfluss eine weniger entscheidende Rolle. Eine weit verbreitete Methode um das Rauschen bei der Geschwindigkeitsbildung nach Gleichung (5.36) zu reduzieren, ist der Einsatz eines Tiefpassfilters.

Polynomiale Approximation

Wie eben gezeigt, ist es wünschenswert, dass die Position als kontinuierliches Signal vorliegt. Aus diesem Grund gibt es den Ansatz den Positionsverlauf mithilfe eines Polynoms zu approximieren:

$$\hat{s}_x(t) = a_0 + a_1 t + a_2 t^2 + ... + a_m t^m . \tag{5.39}$$

Das Ziel ist es dann, die Koeffizienten des Polynoms (5.39) zu optimieren. Dafür werden mehrere zurückliegende Zeit- und die dazugehörigen Positionswerte verwendet, um mittels linearer Regression die Koeffizienten zu ermitteln. Durch Ableitung von Gleichung (5.39) erhält man den Geschwindigkeitsverlauf

$$\hat{v}_x(t) = a_1 + 2 \cdot a_2 t + ... + m \cdot a_m t^{m-1} , \tag{5.40}$$

der dann für den nächsten Abtastschritt extrapoliert werden muss. Die Implementierung dieser Methode erfordert einen nicht unerheblichen Programmieraufwand. Daher beansprucht die Ausführung in Echtzeit, auch aufgrund der Speicherung vergangener Abtastwerte, viel Rechenkapazität. Außerdem ist die optimale Parametrierung des Algorithmus mit einem zusätzlichen Aufwand verbunden [83]. Eine weitere Variante eines algebraischen Verfahrens zur allgemeinen Ableitungsschätzung wird in [106] gezeigt.

Beobachter

Beobachter bieten die Möglichkeit auf Basis eines Modells nichtmessbare Systemzustände zur Verfügung zu stellen. So wird beispielsweise in [26] durch Messung der Winkelposition mithilfe eines Kalman-Filters die Winkelgeschwindigkeit ermittelt. Ein Kalman-Filter wird ebenfalls in [121] unter Verwendung eines Beschleunigungssensors mit Tiefpasseigenschaften eingesetzt. Das Beschleunigungssignal dient als Eingang eines kinematischen Modells mit der Position und Geschwindigkeit als berechnete Zustände. Der Vorteil dabei ist das integrierende Verhalten, das naturgemäß glättende Eigenschaften aufweist.

Die Anwendung eines Beobachters setzt eine relativ gute Modellgüte voraus, bei der auch Nichtlinearitäten und Störungen eine Rolle spielen. Zudem ist eine Parametrierung des Beobachters eine anspruchsvolle Aufgabe.

Differenzieren mit Tiefpassfilter

Wegen des relativ geringen Aufwandes, verbunden mit einfacher Implementierbarkeit und mit Verweis auf die Ergebnisse von [23, S. 81] wird für den Echtzeitprozess das

Positionssignal differenziert und tiefpassgefiltert. Aufgrund der Kommutativität ergibt sich als Übertragungsfunktion

$$G_{sx}(s) = \frac{s}{s \cdot \left(\frac{1}{2\pi f_{sx}} \right) + 1}, \tag{5.41}$$

sodass der Vorgang auch als Filterung des Positionssignals mit anschließender Differentiation betrachtet werden kann. Die Grenzfrequenz des Tiefpassfilters wird daher mit f_{sx} bezeichnet. Nachteilig dabei ist eine Phasenrückdrehung, wodurch z.B. die Stabilität des geschlossenen Regelkreises nachteilig beeinflusst werden kann. Bei der Wahl der Grenzfrequenz ist dies zu beachten. Weiterhin soll angemerkt werden, dass das erhaltene Geschwindigkeitssignal eine von zwei Eingangsgrößen der Ansteuerfunktion ist. Unabhängig davon existiert ein Tiefpassfilter zur Signalkonditionierung für die Berechnung des Zusatzstromes (siehe Abschnitt 5.2.2).

5.3.2 Bewegungstrajektorie

Zur Generierung von Sollwerten für die Positionsregelung wird eine Bewegungstrajektorie erzeugt, welche durch eine Folge von Positions-, Geschwindigkeits-, Beschleunigungs- und Ruckwerten gekennzeichnet ist. Die Vorgabe eines Ruckverlaufs dient der Vermeidung von Beschleunigungssprüngen, die antriebstechnisch nicht realisierbar sind [46]. Mit einem stückweise konstanten Ruckverlauf $\dddot{s}_x$ unter Beachtung der Grenzen des Antriebs kann eine zeitoptimale Positionierung zu einem Zielort erreicht werden [7]. Durch Integration ergeben sich dann die Verläufe für die Beschleunigung $\ddot{s}_x$, Geschwindigkeit $\dot{s}_x$ und Position s_x, die in Abbildung 5.15 dargestellt sind. Wie zu sehen ist, wird annähernd der maximal mögliche Verfahrweg ausgenutzt, indem der Läufer bei der Position $s_x = -0{,}75$ m startet und bei 0,75 m halten soll. Des Weiteren erreicht die Geschwindigkeit in der gleichförmigen Bewegung nahezu die definierte Maximalgeschwindigkeit von 1 m/s.

Mit der erzeugten Trajektorie ist eine typische Anwendungsaufgabe in der Antriebstechnik definiert, welche durch Beschleunigen, Fahren mit konstanter Geschwindigkeit und Abbremsen gekennzeichnet ist. Wegen des nichtlinearen Systemverhaltens, das durch die implementierte Ansteuerfunktion noch ausgeprägter wird, sollen möglichst viele Betriebszustände untersucht werden. Daher wird die erzeugte Trajektorie skaliert und in fünf Schritten mit steigenden Beschleunigungen und damit auch Geschwindigkeiten angewendet. Der fünfte und letzte Teilabschnitt entspricht dann dem in Abbildung 5.15 dargestellten Verlauf.

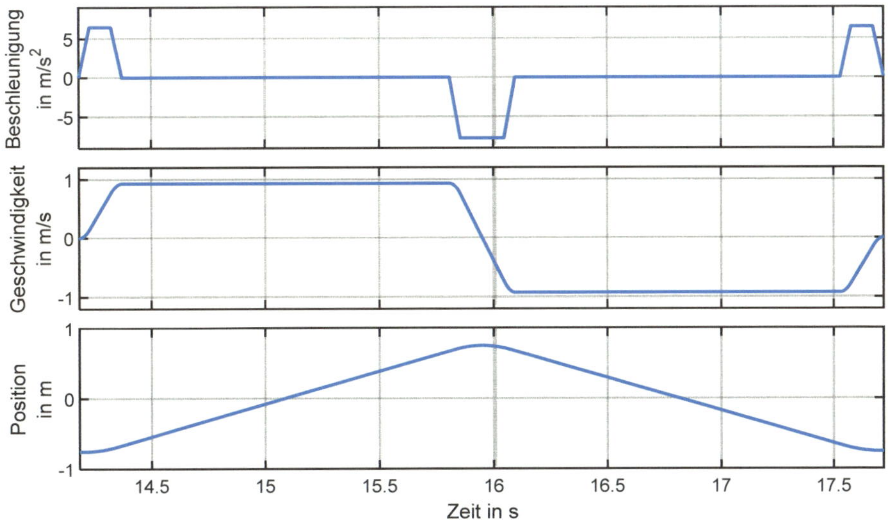

Abbildung 5.15: Ruckbegrenzte Bewegungstrajektorie

5.3.3 Optimierungsbasierter Reglerentwurf

Wie schon erwähnt, soll die dynamische Positioniergenauigkeit bei dem durch die Ansteuerfunktion erweiterten System im Vergleich zu einem konventionell betriebenen LHSM möglichst erhalten bleiben. Daher wird nach einer bestmöglichen Einstellung des Positionsreglers gesucht, indem eine optimierungsbasierte Entwurfsmethodik angewendet wird. Für diesen Zweck werden das nichtlineare erweiterte Systemmodell numerisch simuliert und die Reglerparameter iterativ optimiert. Mit der Spezifikation von Optimierungskriterien kann zielgerichtet das Verhalten des geschlossenen Regelkreises vorgegeben werden.

Die im vorherigen Abschnitt vorgestellte Trajektorie dient dabei als Entwurfswerkzeug, welches das Anwendungsszenario darstellt. Da neben dem PID-Regler in diesem Kapitel weitere Strategien untersucht werden sollen, wird allgemein von Reglerparametern gesprochen. Außerdem werden die Grenzfrequenzen f_{vx} und f_{IHS} der Tiefpassfilter für die Ansteuerfunktion in den zu optimierenden Parametersatz integriert.

Kurz zusammengefasst ist die Entwurfsmethodik durch die Definition folgender Merkmale gekennzeichnet:

- Anwendungsfall
- Zielparameter $\mathbf{p}_{opt}$
- Optimierungskriterien

Da der Anwendungsfall durch die Bewegungstrajektorie bekannt ist und die Zielparameter vom eingesetzten Regler abhängen, sind noch die Optimierungskriterien zu definieren.

Optimierungskriterien

1. Minimierung des Regelfehlers

Die Minimierung des Regelfehlers beinhaltet, dass die Läuferposition der vorgegebenen Solltrajektorie möglichst gut folgen kann. Damit ergibt sich als erstes Zielkriterium:

$$\begin{aligned} &\min_{\mathbf{p}_{opt}} \quad Z_1 = \int_0^{T_{Sim}} e^2(t)\,dt \\ &\text{mit } e(t) = s_{x,soll} - s_x \\ &T_{Sim} : \text{Simulationszeit}. \end{aligned} \tag{5.42}$$

2. Minimierung des Stellgrößenaufwandes

Die Minimierung des Stellgrößenaufwandes dient zum einen der Schonung von Ressourcen bzw. in diesem Fall der Reduzierung der Verlustleistung und Spulenerwärmung. Zusammen mit dem ersten Punkt ähnelt das Vorgehen dem Ansatz der Riccati-Optimalregelung [52]. Dieser ist allerdings für nichtlineare Systeme nicht ohne Weiteres anwendbar [5, 72]. Die Minimierung des Hauptstromes ist noch hinsichtlich eines anderen Aspekts relevant. Vor allem in den Phasen konstanter Geschwindigkeit soll der Effekt der Ansteuerfunktion genutzt werden. Das ist verbunden mit dem Absenken des Zusatzstromes, was allerdings nur durch einen möglichst geringen Hauptstrom erreicht wird. Angenommen es wird nur das erste Kriterium in die Optimierung einbezogen, so würde der Hauptstrom dafür sorgen, dass sich der Zusatzstrom annähernd in der oberen Grenze befände und somit den Nutzen der Ansteuerfunktion einschränken bzw. aufheben würde. Nicht angewandt wird die Forderung während der Beschleunigungs- und Abbremsphasen, sodass in der Optimierung nur die Gleichlaufphasen berücksichtigt werden. Diese sind in Abbildung 5.16 in der kompletten Geschwindigkeitstrajektorie hervorgehoben. Das dazugehörige zweite Optimierungsziel ergibt sich dann folgendermaßen:

$$\min_{\mathbf{p}_{opt}} \quad Z_2 = \int_0^{T_{Sim}} \left(I_{HS}(t) \cdot \text{fenst}(t) \right)^2 dt \tag{5.43}$$

mit $\text{fenst}(t)$: Fensterfunktion

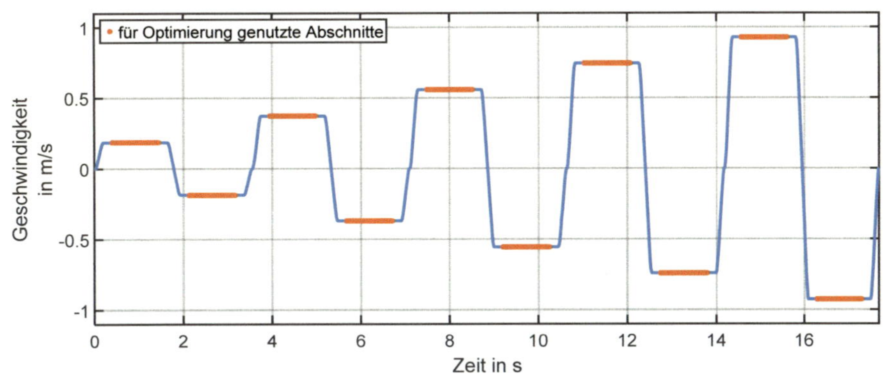

Abbildung 5.16: Geschwindigkeitstrajektorie mit Gleichlaufphasen

3. Minimierung der Stellgrößenschwingungen

Es ist zu erwarten, dass aufgrund der durch die Ansteuerfunktion zusätzlich eingebrachten Nichtlinearität die Regelungsaufgabe erschwert wird. Allerdings sorgt eine geringere magnetische Erregung für eine kleinere Kreisverstärkung, wenn man ein linearisiertes System betrachtet. Jedoch zeigt sich, dass es bei einer aggressiveren Reglerparametrierung (das System befindet sich in der Nähe der Stabilitätsgrenze) im Betriebsmodus mit variabler Erregung eher zu instabilen Verhalten kommt. Das wird in Abbildung 5.17 für die zweite und dritte Geschwindigkeitsstufe der Bewegungstrajektorie ohne Berücksichtigung des hier vorgestellten Optimierungskriteriums dargestellt. Dabei entstehen im dritten Abschnitt ($t > 7{,}5$ s) Schwingungen des Haupt- und des Zusatzstroms, die beide in Phase miteinander sind. Die Amplituden des Zusatzstromes sind dabei annähernd so hoch wie bei konstanter magnetischer Erregung ($I_{ZS} = 2$ A) und damit ist die Stabilitätsreserve nahezu aufgebraucht. Zudem kommt es aufgrund der Phasengleichheit der Ströme zu erhöhten Anziehungskräften, sodass der Läufer näher in Richtung Statoroberfläche gedrückt wird. Aufgrund der antiproportionalen Abhängigkeit der Kraftkonstanten vom Luftspalt erhöht sich aus regelungstechnischer Sicht die Kreisverstärkung und damit wird die Stabilitätsgrenze überschritten. Das Ganze führt dann dazu, dass Haupt- und Zusatzstrom in die jeweiligen oberen und unteren Grenzen kommen und der Läufer verstärkt in vertikaler Richtung schwingt.

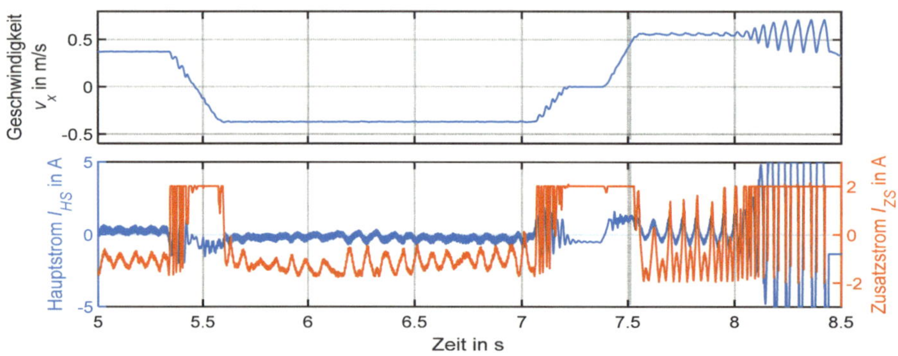

Abbildung 5.17: Schwingungen des Hauptstromes der erweiterten Regelstrecke des LHSM im zweiten und dritten Trajektorienabschnitt bis zur Instabilität bei entsprechender Reglerparametrierung ohne Berücksichtigung des dritten Zielkriteriums

Um diese Problematik in den Griff zu bekommen, wird mit dem dritten Zielkriterium die Minimierung der Schwingungen des Hauptstromes in den Gleichlaufphasen gefordert. Da im zweiten Optimierungskriterium schon der Gleichanteil der Stellgröße enthalten ist, wird ein Hochpass eingesetzt, um die relevanten Schwingungen herauszufiltern. Für den Hochpass wird eine Grenzfrequenz von 5 Hz festgelegt:

$$G_{HP} = \frac{s \cdot \frac{1}{2\pi \cdot 5}}{s \cdot \frac{1}{2\pi \cdot 5} + 1}. \tag{5.44}$$

In Abbildung 5.17 ist zu erkennen, dass die kritischen Stellgrößenschwingungen von höher frequenten Schwingungen überlagert werden. Diese werden durch Kraftschwankungen verursacht und sollen mithilfe eines Tiefpassfilters gedämpft werden. Da die kritischen Schwingungen etwa im Bereich von 10 Hz ausgemacht werden können, wird die Grenzfrequenz des Tiefpassfilters auf 15 Hz gesetzt. Daraus ergibt sich der Tiefpass wie folgt:

$$G_{TP} = \frac{1}{s \cdot \left(\frac{1}{2\pi \cdot 15} \right) + 1}. \tag{5.45}$$

Die Anwendung der Gleichungen (5.44) und (5.45) stellt einen Bandpass dar:

$$G_{BP}(s) = G_{HP}(s) \cdot G_{TP}(s). \tag{5.46}$$

Schließlich kann dann das dritte Zielkriterium aufgestellt werden, welches die kritischen Schwingungen während der Gleichlaufphasen minimieren soll:

$$\min_{\mathbf{p}_{opt}} \quad Z_3 = \int_0^{T_{Sim}} \left(\mathcal{L}^{-1}\{G_{BP}(s)\} * \left(I_{HS}(t) \cdot \text{fenst}(t) \right) \right)^2 dt$$

$$\text{mit } \mathcal{L}^{-1}\text{: inverser Laplace-Operator} \qquad *\text{: Faltungsoperator} \tag{5.47}$$

Mit den drei vorgestellten Zielkriterien entsteht ein multikriterielles Optimierungsproblem. Zur Lösung werden die Ziele 2 und 3 mit Gewichtungsfaktoren bewertet, sodass insgesamt folgende Optimierungsaufgabe formuliert werden kann:

$$\min_{\mathbf{p}_{opt}} \quad Z_{ges} = Z_1 + w_{Z2} \cdot Z_2 + w_{Z3} \cdot Z_3. \tag{5.48}$$

Die Gewichtung des zweiten und insbesondere des dritten Kriteriums begünstigen eine Reduzierung der Kraftschwankungen auf Kosten des Regelfehlers, womit der Zielkonflikt deutlich wird. Die Gewichtungsfaktoren werden auf Basis simulativer und experimenteller Untersuchungen bestimmt. Da diese in Relation zur Dimension des Regelfehlers stehen, fällt die Gewichtung v.a. bei der Reduzierung der Stellgröße mit $w_{Z2} = 0{,}001$ klein aus. Die Gewichtung zur Minimierung der Schwingungsreduzierung beträgt dagegen $w_{Z3} = 0{,}4$. Das bedeutet auch, dass sich der Entwurfsprozess auf insgesamt nur zwei Parameter reduziert. Außerdem wird mit der vorgestellten optimierungsbasierten Methodik ein bestimmtes Verhalten des geschlossenen Regelkreises vorgegeben, welches restriktiver und determinierter ist als beispielsweise bei dem Entwurf durch willkürliche Polvorgabe [52].

5.3.4 PID-Regler

Der PID-Regler ist ein einfach zu implementierender, universell einsetzbarer und v.a. im industriellen Umfeld beliebter Reglertyp. Da die mechanische Strecke allgemein durch einen Doppelintegrator gekennzeichnet ist, liegt es nahe, auf den I-Anteil zu verzichten. Solche PD-Regler werden beispielsweise in der Robotik zur Gelenkregelung eingesetzt [103]. Bei dem LHSM existieren mit den Kraftschwankungen Störungen, die dann vor allem in der statischen Ruhelage eine Herausforderung darstellen und somit den PID-Regler unabdingbar machen.

Der Ausgang des PID-Reglers ergibt sich aus der Summe seiner Bestandteile, sodass sich folgendes Übertragungsverhalten ergibt:

$$G_{PID}(s) = k_P + \frac{k_I}{s} + k_D \frac{s}{\frac{s}{k_N} + 1}. \tag{5.49}$$

Damit eine Realisierung möglich ist, wird bei dem D-Anteil eine Polstelle hinzugefügt, die mit dem Filterkoeffizienten $k_N = 2\pi \cdot f_N$ gekennzeichnet ist, was einer Kreisfrequenz entspricht. Auf Basis der definierten Optimierungsaufgabe des vorhergehenden Abschnitts mit der entsprechenden Bewegungstrajektorie werden die vier Reglerparameter aus Gleichung (5.49) sowie die Grenzfrequenzen f_{vx} und f_{IHS} der Tiefpassfilter für die Ansteuerfunktion ermittelt.

Es soll nochmals darauf hingewiesen werden, dass der Zweck des Reglerentwurfs die Evaluierung der Ansteuerfunktion ist. Aus diesem Grund besteht auch die Notwendigkeit einer Reglerparametrierung für den konstant erregten LHSM. Unter Berücksichtigung identischer Entwurfsbedingungen wird der optimale Reglerentwurf folglich für beide Betriebsmodi durchgeführt. Das Reglerverhalten des konstant erregten LHSM dient dann als Referenz und kann zur Bewertung der Regler bei variabler Erregung herangezogen werden. Die Reglerparameter, die sich aus den Optimierungen ergeben, sind in Tabelle 5.1 aufgelistet.

Tabelle 5.1: Parameter der verwendeten PID-Regler

	Parameter					
Magnetische Erregung	k_P	k_I	k_D	k_N	f_{vx}	f_{IHS}
konstant	1480	36676	11	127	-	-
variabel	2026	13543	24	84	356	58

Zunächst werden in Abbildung 5.18 der Hauptstrom, der Zusatzstrom und der Verlauf der Läuferposition miteinander verglichen. Anhand des Haupt- und Zusatzstroms kann man die Beschleunigungs- und Abbremsphasen (Kraftphasen) deutlich von den

Gleichlaufphasen unterscheiden. Vor allem bei dem Zusatzstrom ist das Wirken der Ansteuerfunktion dadurch gekennzeichnet, dass in den Gleichlaufphasen der Strom deutlich abgesenkt wird. In den Kraftphasen, die durch Umkehrpunkte des Läufers charakterisiert sind, wird der Zusatzstrom kurzzeitig auf den Wert von 2 A angehoben.

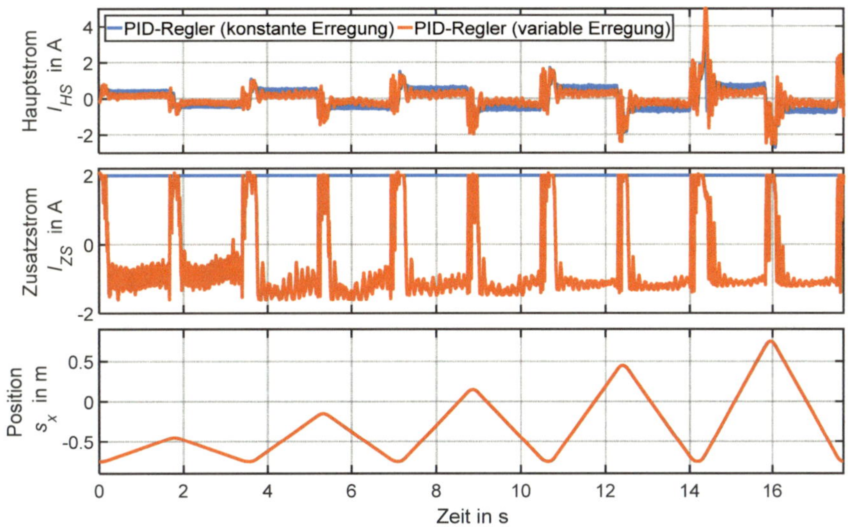

Abbildung 5.18: PID-Regler im Modus mit konstanter und variabler Erregung

Als Folge der reduzierten Reibkraft während der Gleichlaufphase ist ein geringerer Hauptstrom gegenüber der konstanten Erregung erforderlich. Jedoch ist die Stromwelligkeit aufgrund der niedrigeren Störsteifigkeit etwas größer. Damit wird auch nochmal die Notwendigkeit des Einsatzes von Tiefpassfiltern für die Eingangsgrößen der optimierten Zusatzstromfunktion verdeutlicht, um die Rückkopplungseffekte zu reduzieren. Denn die Welligkeit des Hauptstromes ist einhergehend mit der des Regelfehlers. Die Welligkeit ist durch Schwingungen im Bereich von 10 bis 15 Hz gekennzeichnet, die explizit mit dem dritten Zielkriterium des optimierungsbasierten Reglerentwurfs minimiert werden.

Bei Betrachtung des Regelfehlers in Abbildung 5.19 ist zu sehen, dass die Unterschiede zur konstanten Erregung dadurch marginal sind. Lediglich im letzten Trajektorienabschnitt ist ein längeres Einschwingen des Hauptstromes bei der variablen Erregung zu beobachten. Das wirkt sich auch auf den Root-Mean-Square-Error (RMSE) aus, der analog zu Gleichung (4.12) berechnet wird:

$$e_{RMS} = \sqrt{\frac{1}{N}\sum_{k=1}^{N}\left(s_{x,soll}(k) - s_x(k)\right)^2} \,. \tag{5.50}$$

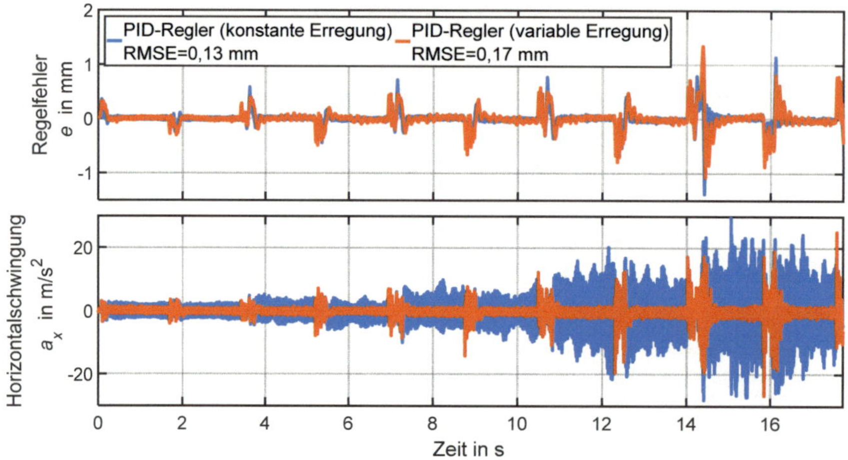

Abbildung 5.19: Regelfehler und Horizontalschwingung

Bis hierher kann aber gesagt werden, dass die zu erwartenden Nachteile bezüglich der Positionsregelung vertretbar sind. Neben der reduzierten Reibung in den Gleichlaufphasen sollten mit der optimierten Ansteuerung des Zusatzstroms die Kraftschwankungen reduziert werden. Um dies bewerten zu können, sind in Abbildung 5.19 die mit dem Beschleunigungssensor gemessenen horizontalen Schwingungen dargestellt. Es ist zu erkennen, dass die Schwingungen mit höherer Geschwindigkeit verhältnismäßig geringer werden. Im letzten Trajektorienabschnitt betragen sie nur etwa ein Zehntel der Schwingungsamplitude bei konstanter Erregung.

Zusammenfassend kann festgehalten werden, dass eine deutliche Reduzierung der Kraftschwankungen unter Verwendung einer durch Zusatzspulen umgesetzten variablen Erregung erreicht wird. Die Positionsregelgenauigkeit ist gegenüber einem herkömmlich betriebenen LHSM vertretbar. Der größere RMSE bei variabler Erregung ergibt sich hauptsächlich durch das ausgeprägtere Einschwingverhalten.

In einem nächsten Schritt soll nun auf regelungstechnischer Ebene untersucht werden, ob weitere Verbesserungen bezüglich Regelfehler und Kraftschwankungen erreichbar sind. Daher werden die nachfolgend vorgestellten Reglerstrategien mit dem in diesem Abschnitt erhaltenen PID-Regler im Modus mit optimierter Ansteuerung der Zusatzspulen (variable Erregung) verglichen. Für die Optimierung der dazugehörigen Parameter werden durchgehend die in Abschnitt 5.3.3 vorgestellten Zielkriterien angewendet. Zu den optimierten Grenzfrequenzen der Tiefpassfilter der Ansteuerfunktion ist noch zu sagen, dass mehrere Läufe zu ähnlichen Ergebnissen führen und deshalb die Werte aus Tabelle 5.1 weitergehend für alle Regler verwendet werden. Auf den Geschwindigkeitsfilter der Ansteuerfunktion kann sogar verzichtet werden, wenn der vorgegebene Soll-Geschwindigkeitsverlauf der Bewegungstrajektorie genutzt wird. Dadurch wird der Einfluss des rauschbehafteten Geschwindigkeitssignals vermieden.

5.3.5 PID-Gain-Scheduling-Regler

Der im vorherigen Abschnitt vorgestellte PID-Regler wird gewöhnlich für lineare Regelstrecken eingesetzt. Bei der durchgeführten Optimierung unter Verwendung der Bewegungstrajektorie müssen Kompromisse bei der Parameterfindung gemacht werden, um alle Betriebszustände ausgewogen zu bedienen. Aus diesem Grund entsteht die Idee einen Gain-Scheduling-Regler (GS-Regler) einzusetzen, dessen Verhalten der nichtlinearen Strecke angepasst wird. Die grundsätzliche Idee besteht darin, das nichtlineare System

$$\begin{aligned} \dot{\mathbf{x}} &= \mathbf{f}(\mathbf{x},\mathbf{u}) \\ \mathbf{y} &= \mathbf{h}(\mathbf{x},\mathbf{u}) \end{aligned} \tag{5.51}$$

an verschiedenen Betriebspunkten zu linearisieren, sodass ein lineares zeitvariantes System

$$\begin{aligned} \Delta\dot{\mathbf{x}} &= \mathbf{A}(\mathbf{x}_{BP},\mathbf{u}_{BP})\cdot\Delta\mathbf{x} + \mathbf{B}(\mathbf{x}_{BP},\mathbf{u}_{BP})\cdot\Delta\mathbf{u} \\ \Delta\mathbf{y} &= \mathbf{C}(\mathbf{x}_{BP},\mathbf{u}_{BP})\cdot\Delta\mathbf{x} + \mathbf{D}(\mathbf{x}_{BP},\mathbf{u}_{BP})\cdot\Delta\mathbf{u} \end{aligned} \tag{5.52}$$

mit

$$\begin{aligned} \mathbf{f}(\mathbf{x}_{BP},\mathbf{u}_{BP}) &= 0 \\ \Delta\mathbf{x} &= \mathbf{x} - \mathbf{x}_{BP} \\ \Delta\mathbf{u} &= \mathbf{u} - \mathbf{u}_{BP} \\ \Delta\mathbf{y} &= \mathbf{y} - \mathbf{y}_{BP} \\ \mathbf{y}_{BP} &= \mathbf{h}(\mathbf{x}_{BP},\mathbf{u}_{BP}) \end{aligned}$$

und den Systemmatrizen

$$\mathbf{A}(\mathbf{x}_{BP},\mathbf{u}_{BP}) = \left.\frac{\partial \mathbf{f}}{\partial \mathbf{x}}\right|_{\substack{\mathbf{x}=\mathbf{x}_{BP}\\ \mathbf{u}=\mathbf{u}_{BP}}} \quad ; \mathbf{B}(\mathbf{x}_{BP},\mathbf{u}_{BP}) = \left.\frac{\partial \mathbf{f}}{\partial \mathbf{u}}\right|_{\substack{\mathbf{x}=\mathbf{x}_{BP}\\ \mathbf{u}=\mathbf{u}_{BP}}}$$
$$\mathbf{C}(\mathbf{x}_{BP},\mathbf{u}_{BP}) = \left.\frac{\partial \mathbf{h}}{\partial \mathbf{x}}\right|_{\substack{\mathbf{x}=\mathbf{x}_{BP}\\ \mathbf{u}=\mathbf{u}_{BP}}} \quad ; \mathbf{D}(\mathbf{x}_{BP},\mathbf{u}_{BP}) = \left.\frac{\partial \mathbf{h}}{\partial \mathbf{u}}\right|_{\substack{\mathbf{x}=\mathbf{x}_{BP}\\ \mathbf{u}=\mathbf{u}_{BP}}}$$

entsteht. Das bedeutet, dass eine Vielzahl von Betriebspunkten ausgewählt werden kann, aus der sich ebenso viele lineare Teilsysteme entsprechend Gleichung (5.52) ergeben. Für jedes dieser Teilsysteme kann dann ein bestimmter Regler mithilfe von linearen Methoden entworfen werden, woraus sich für jeden Betriebspunkt ($\mathbf{x}_{BP}$, $\mathbf{u}_{BP}$) ein bestimmter Parametersatz ergibt. Die Problematik dabei ist, dass es sich um eine diskrete Zuweisung handelt, sodass sich in Abhängigkeit des Betriebszustandes die Reglerparameter und damit die Stellgröße sprungartig ändern können. Um einen geschmeidigen Übergang der Teilregler zu erhalten, kann eine betriebspunktabhängige Gewichtung durch Gauß-Funktionen angewendet werden [1].

Bei dem in Abschnitt 5.1 vorgestellten Modell fällt auf, dass der Zusatzstrom I_{ZS} maßgeblich das Verhalten des LHSM beeinflusst. Aus diesem Grund wird als bestimmende Betriebspunktgröße nur der Zusatzstrom betrachtet und auf eine vollständige Linearisierung nach Gleichung (5.52) verzichtet. Die Reglerparameter ändern sich dann in Abhängigkeit der Scheduling-Größe I_{ZS}. Um geschmeidige Reglerübergänge zu gewährleisten, kann neben der Gauß-Funktion eine Look-Up-Tabelle oder eine analytische Funktion verwendet werden. Aus Untersuchungen zeigt sich, dass Look-Up-Tabellen aufgrund mehrerer Stützstellen und damit Parameter einen großen Berechnungsaufwand bedeuten. Letztendlich wird daher eine lineare Funktion verwendet, sodass folgende funktionale Zusammenhänge für die Reglerkomponenten aufgestellt werden:

$$\begin{aligned} k_P(I_{ZS}) &= k_{P1} + k_{P2}\cdot I_{ZS} \\ k_I(I_{ZS}) &= k_{I1} + k_{I2}\cdot I_{ZS} \\ k_D(I_{ZS}) &= k_{D1} + k_{D2}\cdot I_{ZS} \\ k_N(I_{ZS}) &= k_{N1} + k_{N2}\cdot I_{ZS}\,. \end{aligned} \tag{5.53}$$

Die bei geringen Zusatzströmen verminderte dynamische Steifigkeit und damit höhere Stellgrößenwelligkeit kann durch die eingebrachte neue Nichtlinearität des Gain-Scheduling-Reglers noch verstärkt werden. Daher muss zusätzlich ein Tiefpassfilter eingeführt werden, der die Schwingungen des Zusatzstroms im Hinblick auf die Scheduling-Funktionen (5.53) reduziert:

$$G_{TP}(s) = \frac{1}{s \cdot \left(\frac{1}{2\pi \cdot f_{IZS}} \right) + 1}. \tag{5.54}$$

Folglich ergeben sich insgesamt neun zu optimierende Parameter. Die Optimierung erfolgt äquivalent zum PID-Regler mit der in Abschnitt 5.3.3 vorgestellten Vorgehensweise. Das Resultat sind die in Abbildung 5.20 dargestellten Scheduling-Funktionen. Man kann erkennen, dass die Reglereinstellung mit größerem Zusatzstrom insgesamt aggressiver wird, was v.a. bei dem P-Anteil beobachtet werden kann, der an der unteren Grenze des Zusatzstromes 0 und an der oberen ca. 5000 beträgt. Der I-Anteil ist nahezu konstant und der D-Anteil leicht abfallend, wobei die Aggressivität durch den steigenden Filterkoeffizienten erhöht wird. Die erhaltenen Verläufe sind plausibel, da mit dem Zusatzstrom die Fähigkeit, Bewegungskorrekturen vorzunehmen, steigt.

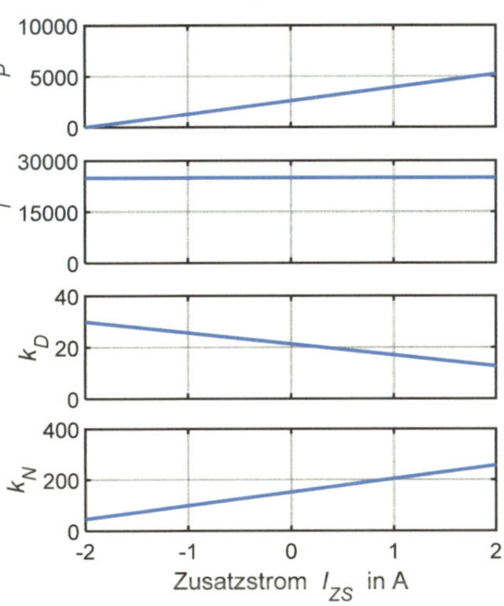

Abbildung 5.20: Reglerparameter in Abhängigkeit des Zusatzstromes

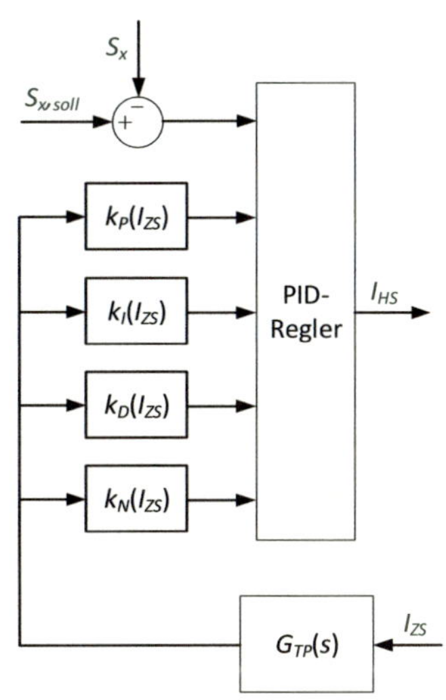

Abbildung 5.21: Blockschaltbild des Gain-Scheduling-Reglers

Die auf das Echtzeitsystem zu implementierende Struktur, die sich aus den Gleichungen (5.53) und (5.54) ergibt, ist in Abbildung 5.21 als Bockschaltbild dargestellt. Der Grundbaustein ist ein herkömmlicher PID-Regler, dessen Reglerparameter in Abhängigkeit des Zusatzstromes berechnet und diesem zur Verfügung gestellt werden.

Die unter Verwendung des PID-Gain-Scheduling-Reglers erzielten Ergebnisse sind wieder in Abbildung 5.22 in Form des Regelfehlers und der Horizontalschwingung für den fünften und damit letzten Abschnitt der Bewegungstrajektorie dargestellt. Dazu wird als Referenz der festeingestellte PID-Regler (a) gezeigt. Diesbezüglich wird noch die Wirkung untersucht, die aus dem Ersetzen der Geschwindigkeitsrückkopplung durch die Bahnvorsteuerung resultiert. Das ist gleichbedeutend mit dem Wegfall des Tiefpassfilters in der Ansteuerfunktion. Der PID-Regler (b) weist diese leicht modifizierte Betriebsbedingung auf, besitzt aber dieselben Reglerparameter wie (a). Die Unterschiede zeigen sich hauptsächlich in den Kraftphasen, was damit zusammenhängt, dass die Ansteuerfunktion durch die vorgesteuerte Geschwindigkeit schneller den passenden Zusatzstrom berechnen kann. Daraus ergibt sich unter Berücksichtigung der gesamten Trajektorie auch ein leicht niedrigerer RMSE.

Bei dem GS-Regler werden die Ausschläge beim Beschleunigen bzw. Abbremsen durch die aggressivere Einstellung noch weiter reduziert. Jedoch zeigt sich in den Gleichlaufphasen die angedeutete erhöhte Welligkeit, die sich im Regelfehler v.a. bei großen Geschwindigkeiten bemerkbar macht. Dennoch ergibt sich für die Gesamttrajektorie ein um 18 % geringerer RMSE gegenüber dem ebenfalls geschwindigkeitsvorgesteuerten PID-Regler (b). Die Horizontalschwingungen sind bei allen drei Varianten sehr ähnlich, wobei bei dem GS-Regler der Übergang in die Gleichlaufphase schneller erfolgt.

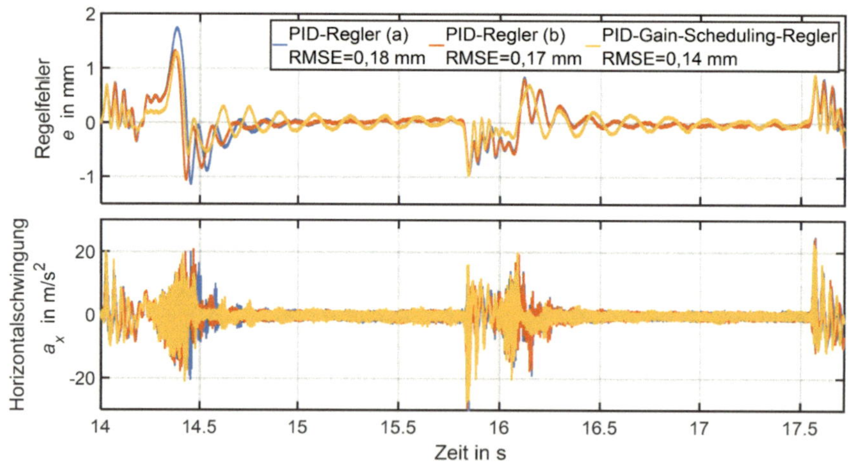

Abbildung 5.22: Regelfehler und Horizontalschwingung des letzten Trajektorienabschnitts von dem PID-Regler (a) mit Filterung der rückgekoppelten ermittelten Geschwindigkeit; PID-Regler (b) mit verwendeter Soll-Geschwindigkeit für die Ansteuerfunktion; PID-Gain-Scheduling-Regler ebenfalls mit vorgesteuerter Geschwindigkeit

5.3.6 Nichtlinearer Kompensationsregler

Grundlagen

Der nichtlineare Kompensationsregler dient dazu, nichtlineare Regelstrecken mittels exakter Linearisierung zu einem geregelten System mit linearem Übertragungsverhalten zu machen [1, 44]. Eine Bedingung für die Anwendung ist die Linearität der Eingangsgröße, was konkret für ein SISO-System folgende Systemdarstellung voraussetzt:

$$\begin{aligned} \dot{\mathbf{x}} &= \mathbf{a}(\mathbf{x}) + \mathbf{b}(\mathbf{x}) \cdot u \\ y &= c(\mathbf{x}). \end{aligned} \tag{5.55}$$

Weiterhin wird der von linearen Zustandsreglern bekannte Ansatz mit Zustandsrückführung $r(\mathbf{x})$ und dem Vorfilter $m(\mathbf{x})$ in nichtlinearer Form verwendet:

$$u = -r(\mathbf{x}) + m(\mathbf{x}) \cdot w. \tag{5.56}$$

Das Ziel ist nun, die Rückführung als auch den Vorfilter zu bestimmen. Der naheliegendste Gedanke ist das Einsetzen der umgestellten Zustandsgleichung aus (5.55) in (5.56), was aber aufgrund der Unterbestimmtheit sowie der nicht berechenbaren Inversen von $\mathbf{b}(\mathbf{x})$ nicht zielführend ist [44]. Daher wird die direkte Systembeschreibung verwendet, die man durch Ableiten der Ausgangsgleichung erhält:

$$\dot{y} = \frac{\partial c(\mathbf{x})}{\partial \mathbf{x}} \cdot \dot{\mathbf{x}} = \frac{\partial c(\mathbf{x})}{\partial \mathbf{x}} \mathbf{a}(\mathbf{x}) + \frac{\partial c(\mathbf{x})}{\partial \mathbf{x}} \mathbf{b}(\mathbf{x}) \cdot u = L_{\mathbf{a}} c(\mathbf{x}) + L_{\mathbf{b}} c(\mathbf{x}) \cdot u\,, \tag{5.57}$$

wobei zur besseren Übersicht die Lie-Ableitungen

$$L_{\mathbf{a}} c(\mathbf{x}) = \frac{\partial c(\mathbf{x})}{\partial \mathbf{x}} \mathbf{a}(\mathbf{x}); \; L_{\mathbf{b}} c(\mathbf{x}) = \frac{\partial c(\mathbf{x})}{\partial \mathbf{x}} \mathbf{b}(\mathbf{x})$$

eingeführt werden. Gewöhnlich ist der zweite Term

$$L_{\mathbf{b}} c(\mathbf{x}) = 0\,,$$

sodass sich Gleichung (5.57) zu

$$\dot{y} = L_{\mathbf{a}} c(\mathbf{x}) \tag{5.58}$$

vereinfacht. Anschließend werden die nächsthöheren Ableitungen gebildet, und zwar so weit bis der zweite Term nicht mehr null ist. Daraus resultieren die Gleichungen

$$\begin{aligned} y &= c(\mathbf{x}) \\ \dot{y} &= L_{\mathbf{a}} c(\mathbf{x}) \\ &\vdots \\ y^{(\delta-1)} &= L_{\mathbf{a}}^{\delta-1} c(\mathbf{x}) \\ y^{(\delta)} &= L_{\mathbf{a}}^{\delta} c(\mathbf{x}) + L_{\mathbf{b}} L_{\mathbf{a}}^{\delta-1} c(\mathbf{x}) \cdot u, \end{aligned} \tag{5.59}$$

deren Anzahl durch die Differenzordnung bzw. den relativen Grad δ gekennzeichnet ist. Als direkte Systembeschreibung in vektorieller Form folgt daraus

$$\mathbf{y}^* = \mathbf{c}^*(\mathbf{x}) + \mathbf{d}^*(\mathbf{x}) \cdot u, \tag{5.60}$$

wobei

$$\mathbf{d}^*(\mathbf{x}) = \begin{pmatrix} 0 \\ \vdots \\ L_{\mathbf{b}} L_{\mathbf{a}}^{\delta-1} c(\mathbf{x}) \end{pmatrix}$$

nur im letzten Element besetzt ist und daher aus regelungstechnischer Sicht von Bedeutung ist. Somit kann in die letzte Gleichung von (5.59)

$$y^{(\delta)} = L_{\mathbf{a}}^{\delta} c(\mathbf{x}) + L_{\mathbf{b}} L_{\mathbf{a}}^{\delta-1} c(\mathbf{x}) \cdot u = c^*(\mathbf{x}) + d^*(\mathbf{x}) \cdot u \tag{5.61}$$

die Reglervorschrift (5.56) eingesetzt werden. Daraus ergibt sich der folgende Zusammenhang:

$$y^{(\delta)} = c^*(\mathbf{x}) - d^*(\mathbf{x}) \cdot r(\mathbf{x}) + d^*(\mathbf{x}) \cdot m(\mathbf{x}) \cdot w. \tag{5.62}$$

Für die Reglerrückführung wird dann der Ansatz

$$r(\mathbf{x}) = \frac{1}{d^*(\mathbf{x})} \left(c^*(\mathbf{x}) + q_{\delta-1} \cdot y^{\delta-1} + \ldots + q_1 \cdot \dot{y} + q_0 \cdot y \right), \tag{5.63}$$

gewählt, woraus unter Verwendung der Lie-Ableitungen aus Gleichung (5.59) die Reglerrückführung

$$r(\mathbf{x}) = \frac{1}{d^*(\mathbf{x})} \left(c^*(\mathbf{x}) + q_{\delta-1} \cdot L_{\mathbf{a}}^{\delta-1} c(\mathbf{x}) + \ldots + q_1 \cdot L_{\mathbf{a}} c(\mathbf{x}) + q_0 \cdot c(\mathbf{x}) \right) \tag{5.64}$$

berechnet werden kann. Für den Kehrwert von $d^*(\mathbf{x})$ muss daher die Bedingung

$$\frac{1}{d^*(\mathbf{x})} \neq 0 \tag{5.65}$$

gelten. Das Vorfilter ergibt sich wie folgt:

$$m(\mathbf{x}) = \frac{k}{d^*(\mathbf{x})}. \tag{5.66}$$

Mit dem Einsetzen der Reglerrückführung (5.64) und des Vorfilters (5.66) in Gleichung (5.62) kann einmal die Nichtlinearität $c^*(\mathbf{x})$ eliminiert werden und außerdem ein gewünschtes Übertragungsverhalten der geregelten Strecke aufgeprägt werden. Schließlich führt die exakte Linearisierung zu dem geschlossenen Regelkreis

$$y^{(\delta)} + q_{\delta-1} \cdot y^{\delta-1} + \ldots + q_1 \cdot \dot{y} + q_0 \cdot y = k \cdot w, \tag{5.67}$$

der durch die Wahl der Parameter $\mathbf{q} = [q_0, q_1, \ldots, q_{\delta\text{-}1}]^{\mathrm{T}}$ und k bestimmt wird. In Anlehnung an das Vorgehen für lineare Strecken in [73, S. 553], bei dem der Regler auch auf Grundlage einer vorgegebenen Übertragungsfunktion entworfen wird, ist es naheliegend die Bezeichnung „nichtlinearer Kompensationsregler“ zu verwenden.

Reglerentwurf für den LHSM

Das vorgestellte Entwurfsverfahren soll nun für den variabel erregten LHSM angewendet werden. Dafür wird das nichtlineare Systemmodell aus Abschnitt 5.1.5 betrachtet, welches durch die Gleichungen (5.28) und (5.29) definiert ist. Da der Zusatzstrom I_{ZS} nun auf Basis der optimierten Ansteuerfunktion berechnet wird, fällt dieser als Eingangsgröße weg. Außerdem wird nur die Position s_x als Regelgröße betrachtet, sodass aus dem MIMO- ein SISO-System wird. Das dann vorliegende Zustandsraummodell

$$\begin{aligned} \dot{\mathbf{x}} &= \mathbf{f}(\mathbf{x}, u) \\ y &= h(\mathbf{x}, u) \\ \text{mit } \mathbf{x} &= \begin{pmatrix} I_{HS} \\ s_x \\ v_x \end{pmatrix}; \; u = I_{0,HS}; \; y = s_x \end{aligned} \tag{5.68}$$

kann in die Form von Gleichung (5.55) gebracht werden, indem der eingangslineare Teil von $\mathbf{f}(\mathbf{x}, u)$ abgespalten wird:

$$\begin{aligned} f(\mathbf{x}, u) &= \mathbf{a}(\mathbf{x}) + \mathbf{b}(\mathbf{x}) \cdot u \\ \text{mit } \mathbf{a}(\mathbf{x}) &= \begin{pmatrix} \dfrac{-x_1}{\tau_{HS}} \\ x_3 \\ \dfrac{F_{Dyn}(\mathbf{x}, I_{ZS})}{m_L} \end{pmatrix}; \; \mathbf{b}(\mathbf{x}) = \begin{pmatrix} \tau_{HS}^{-1} \\ 0 \\ 0 \end{pmatrix}. \end{aligned} \tag{5.69}$$

Die dynamische Antriebskraft F_{Dyn} ist aus Abschnitt 5.1.5 bekannt und lautet

$$F_{Dyn}(\mathbf{x}, I_{ZS}) = F_A(x_1, I_{ZS}) - F_R(x_3, I_{ZS}), \tag{5.70}$$

wobei der Zusatzstrom I_{ZS} hier als variabler Parameter zu betrachten ist. Die Kraftschwankungen F_{KS} sind nicht in $\mathbf{a}(\mathbf{x})$ enthalten, da erstens eine Kompensation durch die Variabilität der Schwingungsform nur bedingt möglich ist (siehe Abschnitt 5.1.4). Des Weiteren wird die Reglergleichung durch die Größe von F_{KS} verhältnismäßig komplex, was sich besonders bei der Echtzeitanwendung bemerkbar macht.

Die Ausgangsgleichung stellt sich wie folgt dar:

$$y = h(\mathbf{x}, u) = c(\mathbf{x}) = x_2\,. \tag{5.71}$$

Basierend auf den Gleichungen (5.69) und (5.71) kann nun das eigentliche Entwurfsverfahren angewendet werden. Zunächst wird die Differenzordnung bestimmt, die der höchsten Ableitung mit direkter Wirkung der Stellgröße entspricht. Dafür muss

$$L_{\mathbf{b}} L_{\mathbf{a}}^{\delta-1} c(\mathbf{x}) \cdot u \neq 0 \tag{5.72}$$

gelten, was bei $(\delta - 1) = 2$ der Fall ist und somit ist $\delta = 3$. Das Ermitteln der Differenzordnung hat den positiven Nebeneffekt, dass dabei $d^*(\mathbf{x})$ schon berechnet wird:

$$\begin{aligned} d^*(\mathbf{x}, I_{ZS}) &= L_{\mathbf{b}} L_{\mathbf{a}}^2 c(\mathbf{x}) = \frac{\left(1 - \tanh((\alpha_1 \cdot x_1)^2)\right) \cdot \alpha_1 \cdot \alpha_2}{m_L \cdot \tau_{HS}} \\ \text{mit } \alpha_1 &= (I_{ZS} p_{A1} - p_{A2}) \\ \alpha_2 &= (p_{A3} + p_{A4} I_{ZS} + p_{A5} I_{ZS}^2). \end{aligned} \tag{5.73}$$

Da der Kehrwert von d^* im Arbeitsbereich des LHSM ungleich null ist (siehe Anhang A.4), kann der Regleransatz (5.56) angewendet werden. Dieser wird zusätzlich um zwei Funktionsmerkmale erweitert. Zum einen sollen die Bewegungstrajektorien unter Verwendung des Führungsgrößenvektors

$$\begin{aligned} \mathbf{w}^{\mathrm{T}} &= \begin{bmatrix} w & \dot{w} & \ddot{w} & \dddot{w} \end{bmatrix}^{\mathrm{T}} \\ \text{mit } w &= s_{x,soll} \end{aligned} \tag{5.74}$$

für eine dynamische Vorsteuerung genutzt werden, wobei die Führungsgröße entsprechend der Differenzordnung bis zur dritten Ableitung, sprich dem Ruck benötigt wird. Außerdem wird eine integrale Ausgangsrückführung äquivalent zur I-Erweiterung bei linearen Zustandsreglern hinzugefügt, um direkt auf Fehler der Regelgröße reagieren zu können [146]. Die erweiterte Reglergleichung ergibt sich dann zu:

$$u = -r(\mathbf{x}) + \mathbf{m}^{\mathrm{T}}(\mathbf{x}) \cdot \mathbf{w} + K_I \cdot \int e\, dt$$
$$\text{mit } e = w_1 - y = s_{x,soll} - s_x\,. \tag{5.75}$$

Das Einsetzen von Gleichung (5.75) in die direkte Systembeschreibung (5.60) führt dann mit dem Ansatz der exakten Linearisierung auf eine modifizierte Differentialgleichung des geschlossenen Regelkreises, die wie folgt aussieht:

$$\ddddot{y} + q_3\dddot{y} + q_2\ddot{y} + q_1\dot{y} + k_I = \ddddot{w} + k_3\dddot{w} + k_2\ddot{w} + k_1\dot{w} + k_I\,. \tag{5.76}$$

Durch das Eliminieren des Integrals erhöht sich die Systemordnung um eins. Wird die Gleichung (5.76) in den Bildbereich transformiert, so lautet die Bedingung für ideales Übertragungsverhalten dann

$$G(s) = \frac{Y(s)}{W(s)} = \frac{s^4 + k_3 \cdot s^3 + k_2 \cdot s^2 + k_1 \cdot s + k_I}{s^4 + q_3 \cdot s^3 + q_2 \cdot s^2 + q_1 \cdot s + k_I} = 1\,, \tag{5.77}$$

was bedeutet, dass die Zählerkoeffizienten mit den Nennerkoeffizienten übereinstimmen müssen, das heißt

$$k_i = q_i \text{ für } i = \{1,2,3\}\,.$$

Damit lauten die Entwurfsgleichungen für Vorfilter **m**, Reglerückführung r und Integralteil K_I wie folgt:

$$\begin{aligned} \mathbf{m}^{\mathrm{T}}(\mathbf{x}) &= \begin{bmatrix} \frac{q_1}{d^*(\mathbf{x})} & \frac{q_2}{d^*(\mathbf{x})} & \frac{q_3}{d^*(\mathbf{x})} & \frac{1}{d^*(\mathbf{x})} \end{bmatrix}^{\mathrm{T}} \\ r(\mathbf{x}) &= \frac{L_{\mathbf{a}}^3 c(\mathbf{x}) + q_3 L_{\mathbf{a}}^2 c(\mathbf{x}) + q_2 L_{\mathbf{a}} c(\mathbf{x}) + q_1 c(\mathbf{x})}{d^*(\mathbf{x})} \\ K_I &= \frac{k_I}{d^*(\mathbf{x})}\,. \end{aligned} \tag{5.78}$$

Der letzte Schritt des Entwurfsprozesses beinhaltet die Bestimmung der Parameter q_1, q_2, q_3 und k_I. Diese charakterisieren das gewünschte Übertragungsverhalten durch das Nennerpolynom:

$$N(s) = s^4 + q_3 \cdot s^3 + q_2 \cdot s^2 + q_1 \cdot s + k_I\,. \tag{5.79}$$

Für das Wunschpolynom können dann entweder vier reelle Pole, zwei konjugiert komplexe Polpaare oder zwei reelle Pole und ein konjugiert komplexes Polpaar verwendet werden. Dabei fällt die Wahl auf die letztere Konfiguration, sodass sich folgendes Wunschpolynom ergibt:

$$(s-s_1)\cdot(s-s_2)\cdot(s-(s_r+\mathrm{i}\,s_i))\cdot(s-(s_r-\mathrm{i}\,s_i)) \tag{5.80}$$

Dies bietet auch die Möglichkeit die Dynamik des geschlossenen Regelkreises mit dem Nennerpolynom eines PT_2-Gliedes

$$N_{PT2}(s)=\frac{T_K^2\cdot s^2+2D_K T_K\cdot s+1}{T_K^2} \tag{5.81}$$

durch die Zeitkonstante T_K und den Dämpfungsgrad D_K zu beschreiben. Ein Koeffizientenvergleich des konjugiert komplexen Polpaares mit Gleichung (5.81) führt dann auf den reellen und imaginären Teil:

$$s_r=-\frac{D_K}{T_K};\; s_i=\frac{\sqrt{1-D_K^2}}{T_K}. \tag{5.82}$$

Mit einem weiteren Koeffizientenvergleich der Gleichungen (5.79) und (5.80) können schließlich alle notwendigen Reglerparameter bestimmt werden:

$$\begin{aligned}
k_I &= \frac{s_1 s_2}{T_K^2}\\
q_1 &= \frac{2D_K T_K s_1 s_2 - s_1 - s_2}{T_K^2}\\
q_2 &= \frac{T_K{}^2 s_1 s_2 - 2D_K T_K s_1 - 2D_K T_K s_2 + 1}{T_K^2}\\
q_3 &= \frac{-\left(T_K s_1 + T_K s_2 - 2D_K\right)}{T_K}.
\end{aligned} \tag{5.83}$$

Implementierung

Zur Bereitstellung der erforderlichen Zustände $\mathbf{x}$ für die Reglergleichungen (5.78) wird ein erweitertes Kalman-Filter (EKF) eingesetzt, welches den häufigsten Beobachtertyp für nichtlineare Systeme darstellt [1]. Das Kalman-Filter wird wegen rechentechnischer Gründe zumeist in zeitdiskreter Form implementiert [146]. Das setzt auch eine zeitdiskrete Zustandsraumdarstellung voraus, die man durch Anwendung des expliziten Eulerverfahrens erhält:

$$\begin{aligned}
\dot{\mathbf{x}} = f(\mathbf{x},u) &\rightarrow \mathbf{x}_{k+1} = \mathbf{x}_k + T_{Samp}\cdot f(\mathbf{x}_k,u_k) = \mathbf{x}_k + \mathbf{f}_d(\mathbf{x}_k,u_k)\\
y = h(\mathbf{x},u) &\rightarrow y_{k+1} = h(\mathbf{x}_k,u_k).
\end{aligned} \tag{5.84}$$

Um die Gleichungen des Kalman-Filters für lineare Systeme zu nutzen, erfolgt eine Linearisierung von Gleichung (5.84) durch Bilden der Jacobi-Matrizen

$$\mathbf{A}_k = \left.\frac{\partial \mathbf{f}_d}{\partial \mathbf{x}}\right|_{\hat{\mathbf{x}}_k} ; \mathbf{C}_k = \left.\frac{\partial h}{\partial \mathbf{x}}\right|_{\hat{\mathbf{x}}_k} , \tag{5.85}$$

bei denen der aktuelle geschätzte Zustandsvektor $\hat{\mathbf{x}}_k$ verwendet wird. Für detailliertere Hintergrundinformationen zur Theorie des Kalman-Filters sei an dieser Stelle auf die Literatur [1, 67] verwiesen.

Der Regler (5.75) sowie das EKF werden dann entsprechend der vorhandenen Struktur in die Echtzeitumgebung implementiert. Das dazugehörige Blockschaltbild ist in Abbildung 5.23 dargestellt. Unter Verwendung der Eingangsgröße I_{HS} und der Ausgangsgröße s_x schätzt das erweiterte Kalman-Filter den Zustandsvektor $\hat{\mathbf{x}}_k$ und stellt diesen für die Reglergrößen r, $\mathbf{m}^\mathrm{T}$ und K_I zur Verfügung. Für alle Berechnungen wird der Zusatzstrom I_{ZS} benötigt, der von der Ansteuerfunktion ausgegeben wird.

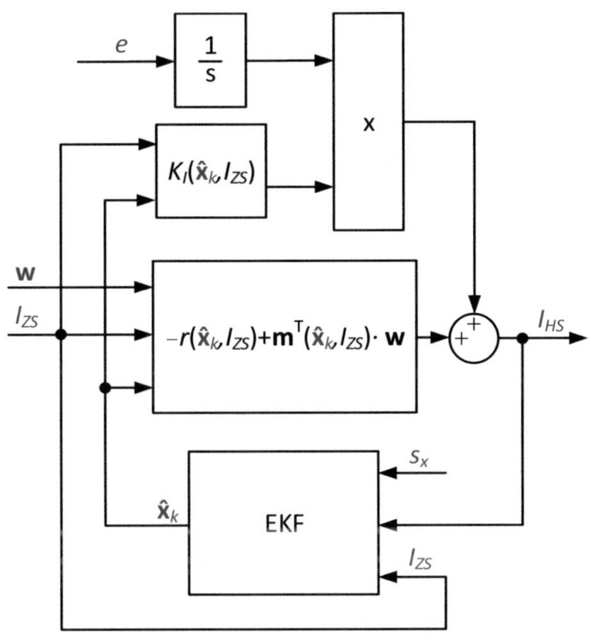

Abbildung 5.23: Nichtlinearer Kompensationsregler mit EKF

Ergebnisse

Der implementierte nichtlineare Kompensationsregler auf Basis der exakten Linearisierung soll getestet werden, indem wieder die Bewegungstrajektorie vorgegeben und gefahren wird. Der nichtlineare Kompensationsregler benötigt alle Bewegungsgrößen einschließlich des Sollrucks für das Vorfilter. Zum Vergleich wird der PID-Regler aus Abschnitt 5.3.4 herangezogen. Für die Ansteuerfunktion des Zusatzstroms wird in beiden Fällen das vorgesteuerte Geschwindigkeitssignal verwendet.

Die Verläufe des Regelfehlers sowie der Horizontalschwingung sind in Abbildung 5.24 zu sehen. Zur besseren Veranschaulichung wird hauptsächlich der letzte Trajektorienabschnitt betrachtet. Um auf Besonderheiten in der Ruhelage aufmerksam zu machen, wird zusätzlich ein Ausschnitt beim Anfahren im ersten Trajektorienabschnitt dargestellt.

In den Kraftphasen verringern sich die Ausschläge gegenüber dem PID-Regler und auch das Einschwingen in der Gleichlaufphase erfolgt wesentlich schneller. Das Abnehmen der Stärke der Oszillation kann des Weiteren auch bei der Horizontalschwingung, v.a. zu Beginn der Gleichlaufphase, beobachtet werden. Im späteren Verlauf der Gleichlaufphase sind dann keine Unterschiede mehr zu erkennen. Das schnellere Einschwingen des Kompensationsreglers bewirkt eine Reduzierung des RMSE um mehr als die Hälfte gegenüber dem PID-Regler. Dieser Wert könnte sogar noch niedriger sein, wenn der LHSM keine selbsterhaltenden Dauerschwingungen in der Ruhelage aufweisen würde.

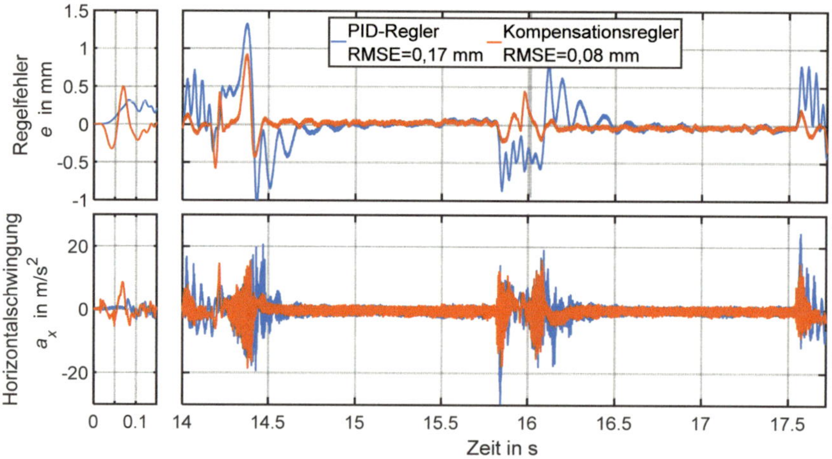

Abbildung 5.24: Vergleich von PID-Regler und nichtlinearerem Kompensationsregler zu Beginn und im letzten Teilabschnitt der Gesamttrajektorie

Die Ursache für einen solchen Grenzzyklus ist allgemein eine Nichtlinearität im geschlossenen Regelkreis [1]. In diesem Fall sind die störenden ortsperiodischen Kraftschwankungen als eine solche Nichtlinearität zu sehen, die nicht im Modell für den Entwurf des nichtlinearen Kompensationsreglers enthalten sind. Ein Beleg für die genannte Ursache ist der Übergang von der Ruhelage in die Bewegung, wodurch der Grenzzyklus verschwindet. Je schneller dies erfolgt, umso weniger macht er sich bemerkbar. Die durch den Grenzzyklus verursachte Regelabweichung zeigt sich damit besonders beim Anfahren in dem ersten Trajektorienabschnitt. Dabei ist eine Schwingungsperiode zu sehen, die ebenso beim Anfahren des letzten Trajektorienabschnitts zu erkennen ist – jedoch mit geringer Amplitude. Ein weiterer Nachteil des Kompensationsreglers aufgrund der Größe der Reglergleichungen ist, dass das die Ordnung des numerischen Integrationsverfahrens der Echtzeitsteuerung reduziert werden muss, um den Betrieb mit der Prozesstaktrate von 20 kHz zu gewährleisten.

5.3.7 Modellbasierte Vorsteuerung

Wie im vorherigen Abschnitt gesehen, besitzt der nichtlineare Kompensationsregler durch den Grenzzyklus einen entscheidenden Nachteil, der die Regelung in der statischen Ruhelage betrifft. Um dennoch ähnlich gute Eigenschaften im dynamischen Reglerbetrieb zu erreichen, wird der in Abschnitt 5.3.4 vorgestellte PID-Regler mit einer modellbasierten Vorsteuerung erweitert. Diese basiert auf dem Computed-Torque-Ansatz, der häufig in der Robotik angewendet wird [134]. Dabei wird ein inverses Systemmodell verwendet, mit dem unter Vorgabe der Führungsgröße und dessen Ableitungen eine Stellgröße berechnet werden kann. Damit diese Methodik auf den LHSM angewendet werden kann, muss das vorhandene Modell angepasst werden.

Zunächst wird das Systemmodell auf die Bewegungsdynamik reduziert. Das heißt, dass die Stromdynamik (5.26) verworfen wird, sodass nur die Bewegungs-DGL (5.27) verwendet wird. Dieser Schritt ist bei dem Reglerentwurf für Motoren und Antriebe üblich, da elektrische Systeme im Verhältnis zu mechanischen Systemen vernachlässigbare Verzögerungszeiten aufweisen [123]. Dadurch wird der Spulenstrom I_{HS} als Zustand eliminiert und gleichzeitig als neue Eingangsgröße $I_{0,HS}$ verwendet. Zur Umgehung numerischer Probleme wird die statische Antriebskraft teillinearisiert, indem die tanh-Funktion aufgelöst wird. Somit wird aus Gleichung (5.7)

$$F_{A,red} = I_{0,HS} \cdot \left(p_{A,red1} + p_{A,red2} \cdot I_{ZS} + p_{A,red3} \cdot I_{ZS}^2 \right) \qquad (5.86)$$

mit den reduzierten statischen Kraftparametern $\mathbf{p}_{A,red}$. Im Zuge der sich ändernden Struktur der statischen Antriebskraft sind somit auch die Parameter der Reibkraft anzupassen, da die dynamische Antriebskraft eine geschlossene Komponente darstellt. Die Gleichung der Reibkraft ändert sich dabei nicht, sondern nur der Parametersatz $\mathbf{p}_{R,red}$. Das bedeutet, dass eine erneute Parameteridentifikation durchgeführt werden muss. Letztendlich ist das reduzierte Modell des variabel erregten LHSM durch folgende DGL zweiter Ordnung charakterisiert:

$$m_L \cdot \ddot{s}_x = F_{Dyn,red}(I_{0,HS}, I_{ZS}, \dot{s}_x) = F_{A,red}(I_{0,HS}, I_{ZS}) - F_{R,red}(I_{ZS}, \dot{s}_x)\,. \tag{5.87}$$

Die Kraftschwankungen werden wie bei dem nichtlinearen Kompensationsregler vernachlässigt. Unter Verwendung der Gleichung (5.86) kann dann die DGL (5.87) nach der Stellgröße

$$I_{0,HS,VS} = \frac{m_L \cdot \ddot{s}_{x,soll} + F_{R,red}(I_{ZS}, \dot{s}_{x,soll})}{\left(p_{A,red1} + p_{A,red2} \cdot I_{ZS} + p_{A,red3} \cdot I_{ZS}^2\right)} \tag{5.88}$$

umgestellt werden. Dies ermöglicht dann das Vorsteuern der Trägheits- und der modellierten Reibkräfte. Die erforderliche Soll-Geschwindigkeit und die Soll-Beschleunigung werden durch die in Abschnitt 5.3.2 definierte Bewegungstrajektorie zur Verfügung gestellt. Somit ergibt sich die gesamte Stellgröße aus der Summe der Vorsteuerung (5.88) sowie dem Ausgang des PID-Reglers $I_{0,HS,PID}$ zu:

$$I_{0,HS} = I_{0,HS,VS} + I_{0,HS,PID}\,. \tag{5.89}$$

Analog zu den vorhergehenden Reglern wird der PID-Regler mit modellbasierter Vorsteuerung am Prüfstand untersucht. Dieser wird dem Referenz-PID-Regler sowie dem Kompensationsregler in Abbildung 5.25 gegenübergestellt. Beim Anfahren im ersten Trajektorienabschnitt kann man erkennen, dass der LHSM keine Dauerschwingung in der statischen Ruhelage aufweist. Die dynamischen Eigenschaften können wieder im letzten Trajektorienabschnitt analysiert werden. Gegenüber dem Referenz-PID-Regler ist ein geringerer Ausschlag des Regelfehlers in den Kraftphasen zu beobachten. Allerdings kann auch festgestellt werden, dass der Kompensationsregler in den Gleichlaufphasen am schnellsten den eingeschwungenen Zustand erreicht. Das bedeutet insgesamt, dass sich der geringere Regelfehler der modellbasierten Vorsteuerung in den Ruhelagen und die bessere Dynamik des Kompensationsreglers in den Kraftphasen aufheben, sodass annähernd dieselben RMS-Werte von ca. 0,08 mm bezogen auf die Gesamttrajektorie entstehen.

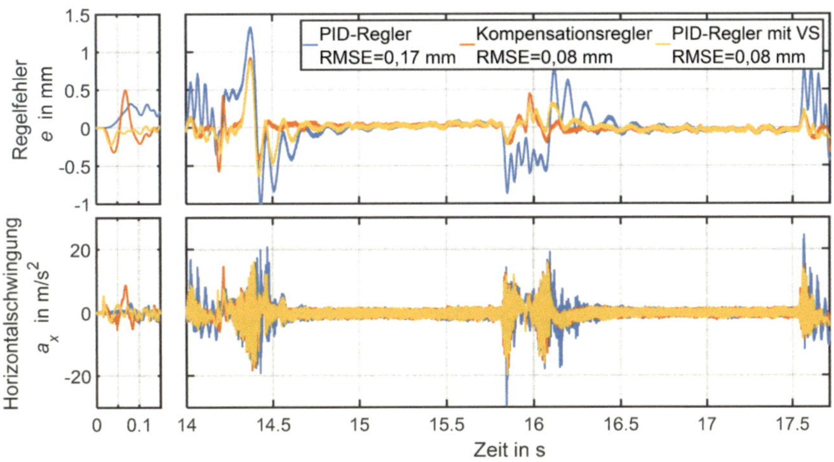

Abbildung 5.25: Vergleich von PID-Regler, Kompensationsregler und PID-Regler mit modellbasierter Vorsteuerung (VS) zu Beginn und im letzten Teilabschnitt der Gesamttrajektorie

5.3.8 Bewertung und Vergleich

Insgesamt konnte in diesem Kapitel gezeigt werden, dass eine optimierte Ansteuerfunktion für die Zusatzspulen zu einer deutlichen Verringerung der Kraftschwankungen führt. In den Abschnitten 5.3.4 bis 5.3.7 werden vier verschiedene Reglerstrategien vorgestellt, wobei drei davon durch das Vorhandensein eines PID-Reglers gekennzeichnet sind. Bezüglich der Kraftschwankungen können bei allen Reglern nur geringe Unterschiede ausgemacht werden. Daher wird bei der Bewertung der Fokus hauptsächlich auf den Regelfehler gelegt. Um ein möglichst objektives Gesamtbild unter Berücksichtigung von verschiedenen Kriterien zu bekommen, wird eine Bewertungsmatrix aufgestellt, die in Tabelle 5.2 aufgeführt ist. Die Bewertung wird auf Basis von Noten für vier relevante Kategorien durchgeführt.

Die Echtzeitfähigkeit beinhaltet, ob und wie schnell die Regleralgorithmen auf der Echtzeithardware ausgeführt werden können. In diesem Zusammenhang ist die Zykluszeit angegeben, die für die Abarbeitung eines Reglertaktes benötigt wird. Diese ist bei dem PID-Regler mit Vorsteuerung aufgrund der Modellgleichung etwas größer als bei den ersten beiden Reglern. Eindeutig negativ in diesem Punkt fällt der Kompensationsregler auf. Dieser hält nach dem Verringern der Ordnung der numerischen Integration um eins gerade so mit 40 µs die durch die Prozesstaktrate bedingte maximale Zykluszeit von 50 µs ein. Die Ursachen dafür sind der Umfang der Reglergleichungen und des erweiterten Kalman-Filters.

Der Entwurfsaufwand ist dadurch gekennzeichnet, wie viel Kosten das Erarbeiten des Reglers bzw. der Reglergleichungen verursacht. Auch hier schneidet der Kompensationsregler am schlechtesten ab, da neben den eigentlichen Reglergleichungen noch das EKF zu entwerfen ist. Die Bestimmung der dafür notwendigen Kovarianzen (siehe Tabelle A.7) kann dabei als zusätzlicher Aufwand betrachtet werden. Bei dem PID-Regler mit Vorsteuerung ist neben der Adaption der Systemgleichungen eine erneute Parameteridentifikation für die dynamische Antriebskraft vorzunehmen, weshalb dieser in diesem Punkt am zweitschlechtesten abschneidet. Die Schwierigkeit bei dem GS-Regler liegt bei der Auswahl der Scheduling-Größe sowie die Bestimmung des Verhaltens der Reglerparameter. Der gewöhnliche PID-Regler kann als vorhandener Funktionsbaustein verwendet werden und schneidet damit in dieser Kategorie am besten ab.

Tabelle 5.2: Bewertungsmatrix der untersuchten Positionsregler

	Regler			
Kriterium	PID-Regler	GS-Regler	Kompensationsregler	PID-Regler mit VS
Echtzeitfähigkeit	1 (12 µs)	1 (12 µs)	5 (40 µs)	2 (19 µs)
Entwurfsaufwand	1	2	4	3
Optimierungsaufwand	2	4	2	2
Qualität	4	3	1	1
Durchschnittsnote	**2,0**	**2,5**	**3,0**	**2,0**

Der Optimierungsaufwand beinhaltet die Anzahl der zu optimierenden Parameter sowie die für die Optimierungsdurchläufe benötigte Zeit. Bis auf den GS-Regler, der neun Parameter aufweist, besitzen die anderen jeweils vier, sodass sich eine entsprechende Bewertung ergibt.

Die Qualität bezieht sich in erster Linie auf den Regelfehler, der bei dem Kompensationsregler und dem PID-Regler mit Vorsteuerung um mehr als die Hälfte geringer ist als bei den anderen beiden. Damit wird sogar der RMSE der Regelung im Modus mit konstanter magnetischer Erregung deutlich unterschritten. Im Zusammenhang mit der geringeren Einschwingzeit sind auch die Kraftschwankungen schneller auf dem niedrigeren Niveau der Gleichlaufphase.

Nach Bewertung aller Kriterien kommt man zu dem Ergebnis, dass der PID-Regler sowie dessen Erweiterung mit einer modellbasierten Vorsteuerung die besten Noten erreichen und somit die am besten geeigneten Regler für den variabel erregten LHSM sind. Letztendlich wird, auch wegen der geringeren Kraftschwankungen, der PID-Regler mit modellbasierter Vorsteuerung empfohlen.

6 Validierung der Ergebnisse

In diesem Kapitel sollen die Ergebnisse der in dieser Arbeit entwickelten Methoden bewertet werden. Da der Fokus dabei besonders auf der Reduzierung von Schwingungen und Geräuschen liegt, wird neben den Schwingungsmessungen der Schalldruckpegel während der Fahrt des LHSM aufgenommen. Diesbezüglich kann eine grundlegende Bewertung der Ansteuerfunktion erfolgen, indem der als Standardmotor zu betrachtende LHSM mit konstanter magnetischer Erregung mit dem variabel erregten LHSM verglichen wird.

Tabelle 6.1: Eigenschaften der untersuchten Betriebsmodi

Magnetische Erregung	Regler/Eigenschaften	Konfiguration
konstant	PID-Regler	1
konstant	PID-Regler & Lastwinkeloptimierung (Abschnitt 4.1)	2
konstant	PID-Regler & Lastwinkeloptimierung & Rastkraft-Kompensation (Abschnitt 4.2)	3
konstant	PID-Regler & optimierte Kommutierung (Abschnitt 4.3)	4
variabel	PID-Regler (Abschnitt 5.3.4)	5
variabel	PID-Gain-Scheduling-Regler (Abschnitt 5.3.5)	6
variabel	Nichtlinearer Kompensationsregler (Abschnitt 5.3.6)	7
variabel	PID-Regler & modellbasierte VS (Abschnitt 5.3.7)	8

Außerdem sollen die Methoden zur Reduzierung von Kraftschwankungen für einen Standardmotor (siehe Kapitel 4) im positionsgeregelten Betrieb miteinander verglichen werden. Ergänzend zu dem Vergleich der Reglergenauigkeit in Kapitel 5 wird zusätzlich das Schwingungsverhalten des variabel erregten LHSM genauer betrachtet. Um eine Übersicht der untersuchten Methoden und eine klare Zuordnungsmöglichkeit zu bekommen, sind die in diesem Kapitel verwendeten Konfigurationen in Tabelle 6.1 aufgelistet.

6.1 Bewertung mittels Schalldruckpegel

Schwingungen und Geräusche können mit verschiedenen Methoden analysiert werden (siehe [17, S. 145]). Die bekannteste und häufigste Maßnahme ist die Messung des Schalldruckpegels. Dies rührt auch daher, dass sich Emissions- und Immissionsrichtlinien zur Reglementierung von Maschinen und Festlegung von Grenzwerten auf Schalldruckpegelwerte beziehen. Bei den Messungen werden die Eigenschaften des menschlichen Gehörs durch frequenzabhängige Bewertungskurven, sowie durch Mittelung über eine bestimmte Zeitdauer einbezogen. Diese von den Schalldruckpegelmessgeräten (SPM) zur Verfügung gestellte Größe unter Berücksichtigung der A-Bewertung (siehe Abschnitt 3.4.2) wird als energieäquivalenter Schalldruckpegel L_{Aeq} bezeichnet.

Des Weiteren ist der Ort der Schallmessung zu berücksichtigen, da der Schalldruck antiproportional zum Abstand r von Geräuschquelle und Messort ist [88]:

$$L_p \sim \frac{1}{r}. \tag{6.1}$$

In diesem Zusammenhang ist es sinnvoll, zwischen Emissions- und Immissionsmessungen zu unterscheiden. Emissionswerte treten unmittelbar an der Geräuschquelle auf und sind entsprechend nach EU-Richtlinien bzw. internationalen ISO-Standards bei Maschinen kennzeichnungspflichtig [117]. Immissionsschalldruckpegel sind abhängig von der Art des Arbeitsplatzes und der Umgebung der Maschine. Sie sind gegenüber Emissionswerten aussagekräftiger, da direkt die Wirkung auf den Menschen beschrieben wird.

In dieser Arbeit werden Immissionsmessungen mit einem Schalldruckpegelmessgerät durchgeführt, dessen Mikrofon sich in der Nähe des LHSM befindet und sozusagen den Einwirkungsort eines neben dem Antrieb stehenden Menschen abbildet. Zur Validierung werden daher die Immissionsmessungen herangezogen. Zum Vergleich wird einmalig eine Emissionsmessung durchgeführt, bei der das Audiosignal eines direkt am Läufergehäuse befestigten Mikrofons verwendet wird. Der erläuterte experimentelle Aufbau ist in Abbildung 6.1 dargestellt.

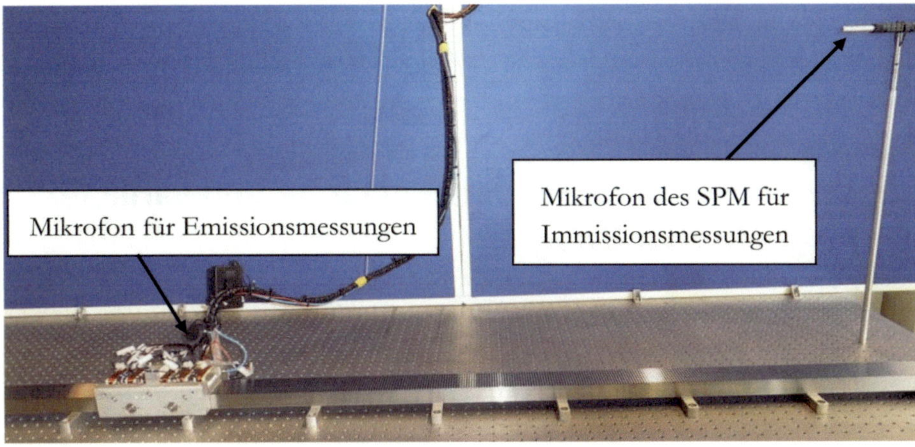

Abbildung 6.1: Experimenteller Aufbau für Schalldruckpegelmessungen mit Mikrofon am Läufer für Emissions- und einem Mikrofon des SPM an einem festen Ort für Immissionsmessungen

Exemplarisch wird für die Konfiguration 1 eine Messfahrt unter Verwendung der Bewegungstrajektorie durchgeführt. Die verschiedenen Schalldruckpegelgrößen sind in Abbildung 6.2 dargestellt. Zunächst ist der erläuterte Unterschied von Emissions- und Immissionsmessung deutlich zu sehen. Da sich der Läufer zu Beginn der Messfahrt ganz links in der Nähe der negativen Endlage befindet, macht sich der Abstand zum Mikrofon des SPM durch einen verhältnismäßig geringen Schalldruckpegel bemerkbar. Insgesamt zeigt sich auch die zu erwartende Differenz von Immissions- und Emissionsmessung.

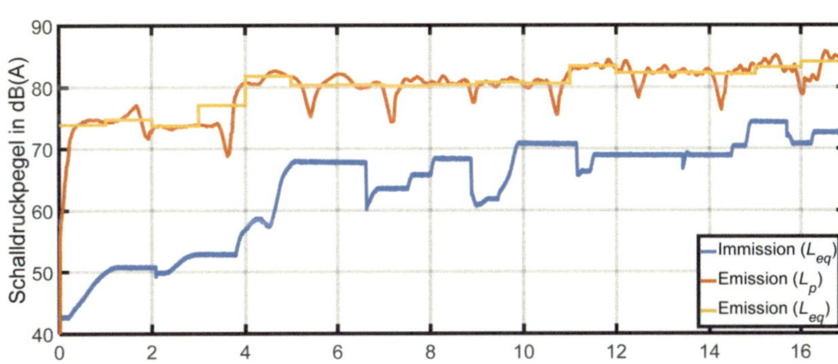

Abbildung 6.2: Vergleich von Schalldruckpegelgrößen

Zusätzlich ist für die Emissionsmessung auch der allgemeine Schalldruckpegel L_p angegeben, der durch einen kontinuierlichen Verlauf gekennzeichnet ist, wohingegen der energieäquivalente Schalldruckpegel L_{eq} einen stufenförmigen Verlauf aufweist.

6.2 Vergleich des LHSM mit konstanter und variabler magnetischer Erregung

In diesem Abschnitt soll die Wirkung der Ansteuerfunktion bei variabler magnetischer Erregung herausgestellt werden. Für diesen Zweck werden die Konfigurationen 1 und 8 (siehe Tabelle 6.1) hinsichtlich der Schwingungen und Geräuschentwicklung gegenübergestellt. Da sich die Schwingungen in allen drei Raumrichtungen zeigen, nicht zuletzt auch durch Strukturschwingungen, sind diese bedeutsam für das Gesamtschwingungsbild und die resultierenden Geräusche. Gegenüber den Horizontal- und Vertikalschwingungen sind Querschwingungen auch aufgrund der beidseitigen Luftlagerung am geringsten (siehe Anhang A.5). Da im Gegensatz zu den anderen beiden Schwingungsrichtungen in Querrichtung keine elektromagnetisch bedingten Ursachen (siehe Abschnitt 2.4.3) vorliegen, werden diese nicht weiter betrachtet.

Die Schwingungsmessung erfolgt durch den am Läufergehäuse angebrachten Beschleunigungssensor. Da der Läufer in den Kraftphasen beschleunigt und abgebremst wird, werden diese Abschnitte ausgeblendet, um nur das Schwingungsverhalten zu erfassen. Aus diesem Grund werden analog zum zweiten und dritten Optimierungskriterium des Reglerentwurfs (siehe Abschnitt 5.3.3) nur die Gleichlaufphasen für die Berechnung der RMS-Werte verwendet. Der energieäquivalente Schalldruckpegel des SPMs wird als Immissionsmessung über die Gesamttrajektorie gemittelt. Die Horizontal- und Vertikalschwingungen sowie der Schalldruckpegel sind in Abbildung 6.3 als Balkendiagramme zum direkten Vergleich dargestellt. Damit kann der Rückgang der Horizontal- und Vertikalschwingungen um ein Vielfaches veranschaulicht werden. Bei den Vertikalschwingungen ist auffallend, dass diese im herkömmlichen Betrieb (Konf. 1) annähernd doppelt so groß wie die Horizontalschwingungen sind.

Die Verringerung der Läuferschwingungen führt schließlich insgesamt zu einer Abnahme des Schalldruckpegels um nahezu 10 dB. Dieser Wert bedeutet in der Psychoakustik eine Halbierung der empfundenen Lautstärke [99]. Eine Halbierung des Schalldrucks wird schon mit 6 dB erreicht. Als Startwert der Schalldruckpegelskala wird 40 dB definiert, da dies der Situation in einer relativ leisen Umgebung, beispielsweise in einer Bibliothek entspricht [88]. Eine wesentliche Erkenntnis der Untersuchungen ist auch, dass die Kraftschwankungen um ein Vielfaches reduziert werden müssen, um die Lautstärke merklich zu senken.

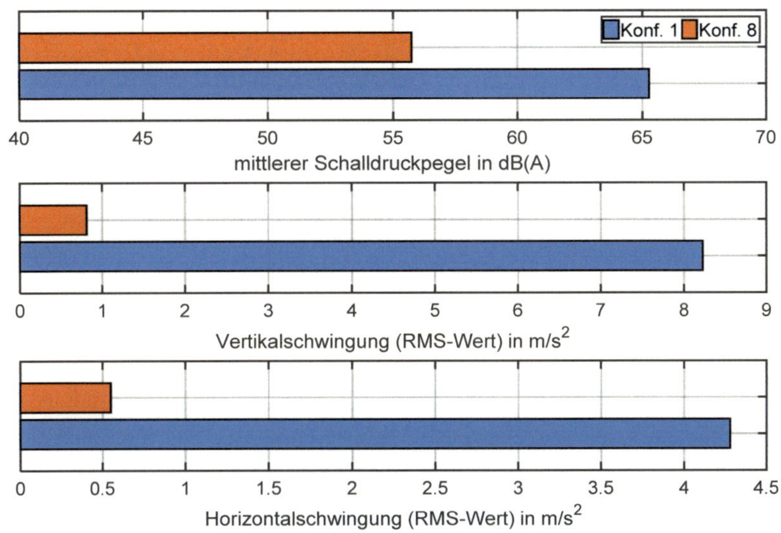

Abbildung 6.3: Vergleich von konstant (Konf. 1) und variabel erregtem LHSM (Konf. 8)

Besonders deutlich zeigt sich die Schwingungsreduktion bei großen Geschwindigkeiten, das heißt v.a. im fünften und letzten Bewegungsabschnitt, in dem der Läufer annähernd 1 m/s fährt. Um dies zu verdeutlichen, soll als weitere Auswertungsmethode eine Spektralanalyse auf Basis einer schnellen Fouriertransformation (FFT) zum Einsatz kommen. Diese ermöglicht eine Darstellung der Amplituden über der Schwingungsfrequenz. Zur besseren Einordnung wird die Frequenz bezüglich der Zahnteilungsperiode normiert. Das bedeutet, dass eine Schwingung n-ter Ordnung die Anzahl von Schwingungen innerhalb des Phasenwegs ([0; 5] mm) bei einer konstanten Geschwindigkeit (in diesem Fall ca. 1 m/s) angibt. Exemplarisch wird in Abbildung 6.4 die Vertikalschwingung analysiert. Es ist zu sehen, dass die Amplituden der variablen Erregung deutlich abnehmen, was v.a. bei $n = 6$ festzustellen ist. Der Unterschied zur Referenzkonfiguration 1 wird hier sehr deutlich, wenn man sich die Amplitude an dieser charakteristischen Frequenz ansieht. Bei der variablen Erregung (Konf. 8) ist diese um den Faktor 22 geringer. Damit zeigt sich besonders bei großen Geschwindigkeiten ein noch ausgeprägterer Unterschied zum konstant erregten LHSM (Konf. 1). Denn bei dem RMS-Wert fließen auch die Gleichlaufphasen niedrigerer Geschwindigkeiten ein.

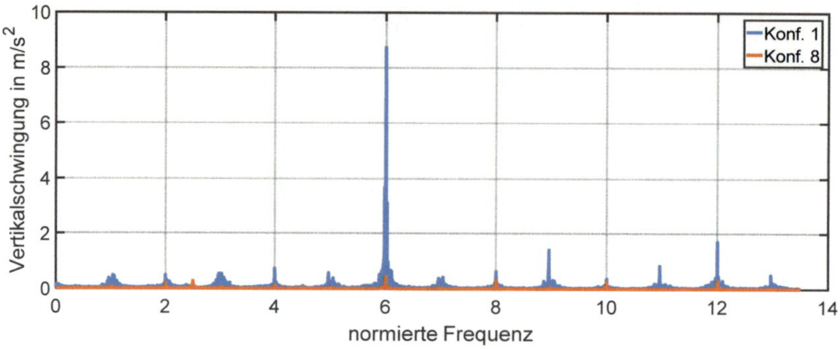

Abbildung 6.4: Spektralanalyse von konstant (Konf. 1) und variabel erregtem LHSM (Konf. 8) bei einer Geschwindigkeit von 1 m/s

Die Ursache für die reduzierten Kraftschwankungen in den Gleichlaufphasen liegt in der durch die Ansteuerfunktion bedingten niedrigeren magnetischen Erregung. Als Hauptgrund sind dabei die reduzierten Rastkräfte zu sehen. Denn selbst bei größeren Geschwindigkeiten ist die Antriebskraft in der Gleichlaufphase relativ gering und somit auch der Einfluss der Kraftwelligkeit.

6.3 Vergleich der Methoden für den konstant erregten LHSM

In diesem Abschnitt sollen die in Kapitel 4 untersuchten Methoden miteinander verglichen werden. Das heißt auch, dass nur der konstant erregte LHSM, der einen Standardmotor abbildet, betrachtet wird. Konkret werden die Konfigurationen 1 bis 4 hinsichtlich der Horizontalschwingung und des Regelfehlers untersucht. Dazu ist zu sagen, dass nur die ersten vier Abschnitte der Bewegungstrajektorie für die Auswertung verwendet werden, da sich der Regelfehler bei der optimierten Kommutierung (Konf. 4) im fünften Abschnitt vervielfacht. Das liegt an der Verzögerungsdynamik der Hauptspulen (siehe Abschnitt 5.1.1), die eine Grenzfrequenz von ca. 700 Hz aufweisen, in Kombination mit der Charakteristik der optimierten Kommutierungsfunktionen. Diese sind durch die sechsfache Schwingungsperiode gekennzeichnet (siehe Abbildung 4.15). Das bedeutet, bei einer Geschwindigkeit von 1 m/s müssen die Phasenströme mit einer Frequenz von 1 200 Hz gestellt werden. Selbst bei der bis zum vierten Abschnitt gefahrenen Geschwindigkeit von 0,75 m/s wird die Grenzfrequenz der Hauptspulen noch überschritten. Daraus resultiert auch der im Vergleich zu den anderen Konfigurationen größere RMSE, wie man in Abbildung 6.5 sehen kann.

Der Regelfehler kann mittels lastwinkeloptimierter Kommutierung (Konf. 2) reduziert werden. Jedoch vergrößern sich die Horizontalschwingungen sogar gegenüber Konf. 1. Das kann man damit begründen, dass sich die Kraftwelligkeit durch die verschobenen Kommutierungsfunktionen erhöht. Denn bei den letzten beiden Abschnitten der Trajektorie sind in der Gleichlaufphase leicht größere Schwingungen gegenüber Konf. 1 zu beobachten. Der Einfluss auf die Kraftschwankungen (siehe Abschnitt 5.1.4) des durch die Lastwinkeloptimierung verringerten Hauptstroms ist demgegenüber verhältnismäßig gering, sodass insgesamt die Schwingungen größer werden. In diesem Zusammenhang soll darauf hingewiesen werden, dass für den Regelfehler die Beschleunigungs- und Abbremsphasen im Gegensatz zu den Schwingungen mitberücksichtigt werden.

Die Horizontalschwingungen und auch der Regelfehler können reduziert werden, wenn zusätzlich zum lastwinkeloptimierten Betrieb die Rastkraft-Kompensation aufgeschaltet wird (Konf. 3).

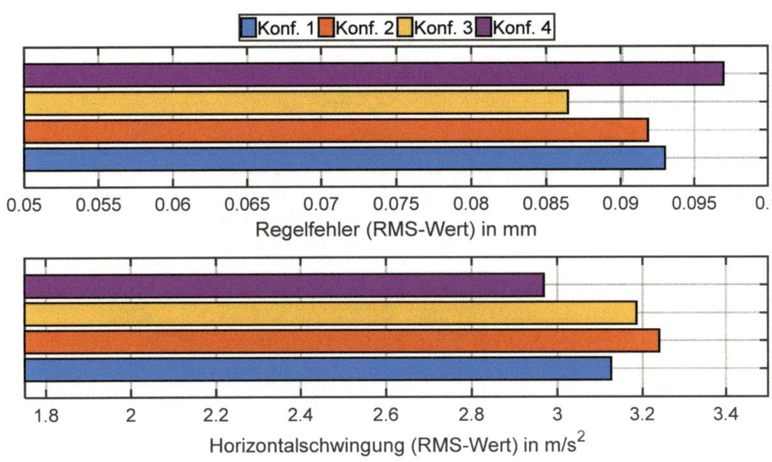

Abbildung 6.5: Untersuchte Methoden für den konstant erregten LHSM

Besonders die Methodik der optimierten Kommutierung (Konf. 4) ist aufgrund der mit Abstand größten Reduzierung der Schwingungen unter Berücksichtigung von Kraftwelligkeit und Rastkräften hervorzuheben – und das trotz des Einflusses der Richtungsabhängigkeit. Daher gibt es auch bei Beachtung der in Abschnitt 4.3.6 skizzierten Probleme noch Verbesserungspotential, die Schwingungen unter Verwendung dieser Methode weiter zu reduzieren. Das ist gerade unter dem Aspekt, einen herkömmlichen Motor ohne Zusatzspulen verwenden zu wollen, eine interessante Erkenntnis.

Wenn die Ergebnisse der Methoden für den konstant erregten LHSM (siehe Kapitel 4) allerdings mit denen des variabel erregten LHSM (siehe Kapitel 5) verglichen werden, so sind die Effekte jedoch hinsichtlich reduzierter Kraftschwankungen verhältnismäßig gering. Das stellt nochmal den immensen Nutzen heraus, der aus der variablen Erregung unter Verwendung der optimierten Ansteuerfunktion resultiert.

6.4 Vergleich der Positionsregelungen für den variabel erregten LHSM

In Abschnitt 5.3.8 wurde bereits eine Bewertung der Positionsregelungen für den variabel erregten LHSM, mit dem Fokus auf allgemeine Eigenschaften und den Regelfehler, durchgeführt. Nun sollen die Reglerstrategien der Konfigurationen 5 bis 8 hinsichtlich horizontaler und vertikaler Schwingungseigenschaften sowie dem Schalldruckpegel näher untersucht werden. Dazu werden die Ergebnisse in Abbildung 6.6 anhand von Balkendiagrammen veranschaulicht. Bei den Schwingungen werden nun wieder die Gleichlaufphasen aller fünf Teilabschnitte der Gesamttrajektorie in die Ergebnisdarstellung einbezogen.

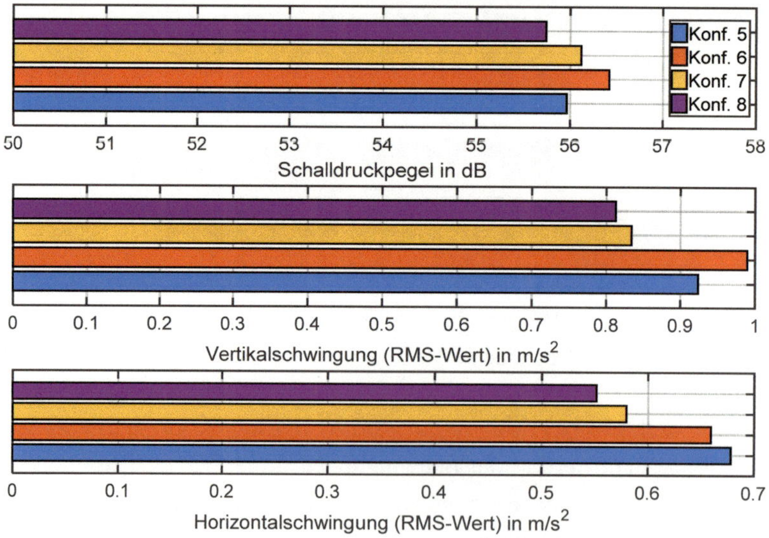

Abbildung 6.6: Schwingungs- und Geräuscheigenschaften der untersuchten Regler für den variabel erregten LHSM

Der Schalldruckpegel wird trotz der schon niedrigen und nahezu identischen Werte zusätzlich gezeigt, um auf kleinere Unterschiede und Besonderheiten aufmerksam zu machen.

Zunächst ist zu erkennen, dass sich bei dem PID-GS-Regler (Konf. 6) zwar die Horizontalschwingung gegenüber dem gewöhnlichen PID-Regler (Konf. 5) verringert. Die Vertikalschwingung ist jedoch größer. Bei dem nichtlinearen Kompensationsregler (Konf. 7) sind beide Schwingungskomponenten deutlich niedriger als bei Konf. 5, die hier als Referenz betrachtet werden soll. Obwohl dies der Fall ist, wird der über die gesamte Trajektorie gemessene durchschnittliche Schalldruckpegel nicht geringer. Das liegt an der erhöhten Reglerdynamik, die durch schnelleres Beschleunigen bzw. Abbremsen gekennzeichnet ist, womit wieder der Zielkonflikt zur hier nicht abgebildeten Reglergenauigkeit deutlich wird.

Überraschenderweise kann trotz ähnlicher Schwingungsstärken bei dem PID-Regler mit Vorsteuerung (Konf. 8) eine Verringerung des Schalldruckpegels gemessen werden. Als Grund dafür kann der glatte Stromverlauf in den Kraftphasen gegenüber den anderen RMSE reduzierenden Reglern (Konf. 6 und 7) genannt werden. Allerdings sollten die beobachteten Ergebnisse auch nicht überbewertet werden, da bei den Schalldruckpegelmessungen eine Standardabweichung von ca. ±0,2 dB vorliegt und die Unterschiede der gemessenen Werte in diesem Intervall auftreten. Dennoch wird die in Abschnitt 5.3.8 ausgesprochene Empfehlung, den PID-Regler mit modellbasierter Vorsteuerung für den variabel erregten LHSM zu verwenden, mit den gezeigten Ergebnissen untermauert.

6.5 Transfer auf eine kommerzielle Antriebssteuerung

Mit dem Transfer der entwickelten Ansteuerfunktion für die Zusatzspulen des LHSM-Prototypen auf eine kommerzielle Antriebssteuerung soll die praktische Anwendbarkeit überprüft bzw. dabei relevante Probleme aufgezeigt werden. Aus diesem Grund wird von dem bisherigen Prüfstandsaufbau nur der LHSM verwendet und anstelle der dSpace-Echtzeithardware ein Servo-Controller der Firma *Elmo Motion Control Ltd.* eingesetzt [39]. Neben den Steuerungs- und Regelungsaufgaben, die standardmäßig damit realisierbar sind, ist die größte Herausforderung die Implementierung der Ansteuerfunktion für die Zusatzspulen.

Die Topologie des veränderten Prüfstandsaufbaus wird in Abbildung 6.7 gezeigt. Zur Regelung der Position wird eine Kaskadenstruktur verwendet. Diese besteht aus einem

P-Positions-, einem PI-Geschwindigkeits- und einem PI-Stromregler auf Basis einer Vektorregelung [39]. Als Erweiterung zu einem Standardmotor muss hier nun die Ansteuerfunktion auf dem Elmo-Controller implementiert werden. Die Programmierung der Ansteuerfunktion erfolgt in einer controllereigenen Umgebung, die eine relativ große Ähnlichkeit zu C/C++ aufweist [40].

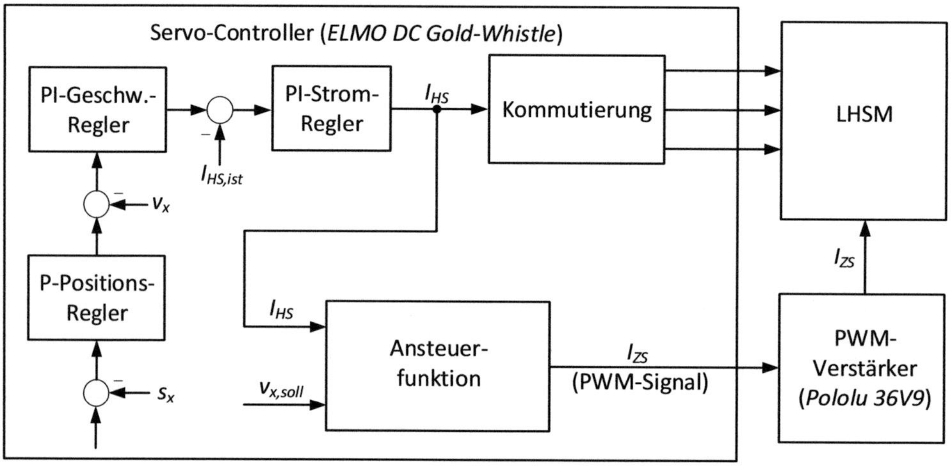

Abbildung 6.7: Struktur des Prüfstandaufbaus unter Verwendung eines kommerziellen Servo-Controllers

Bei dem Transfer der Ansteuerfunktion auf den Elmo-Controller gibt es Restriktionen, sodass eine adäquate Umsetzung der Algorithmen nicht möglich ist. Dies betrifft zunächst die Look-Up-Tabelle, die einen zweidimensionalen Eingangsraum besitzt. Der Elmo-Controller stellt allerdings nur eindimensionale Felder zur Verfügung. Aus diesem Grund werden die einzelnen Zeilen blockweise hintereinander gesetzt und mit entsprechender Indizierung der Wert des Zusatzstroms in Abhängigkeit von der Soll-Geschwindigkeit $v_{x,soll}$ und dem Hauptstrom I_{HS} berechnet. Eine weitere Einschränkung stellt die fehlende Möglichkeit der Interpolation der zwischen den Stützstellen liegenden Eingangswerte dar. Daher wird durch Runden auf die nächstliegende Stützstelle der Eingangsindex bestimmt.

Da der Elmo-Controller keinen analogen Ausgang besitzt, wird der Zusatzstrom als PWM-Signal moduliert. Dieses wird dann über einen programmierbaren digitalen Ausgang zusammen mit einem Richtungssignal an einen PWM-Verstärker [32] ausgegeben, der dann den Strom für die Zusatzspulen des LHSM zur Verfügung stellt. Die Programmierung der Ansteuerfunktion als auch die Inbetriebnahme wurde von einem Elmo-Mitarbeiter durchgeführt.

Zur Validierung wird eine zeitoptimale Trajektorie vorgegeben, die dadurch gekennzeichnet ist, dass der gesamte Verfahrweg ausgenutzt wird. Der dazugehörige Verlauf von Position, Geschwindigkeit als auch der ausgegebene Hauptstrom bei konstanter (I_{ZS} = 2 A) und variabler Erregung ($I_{ZS} = f(I_{HS}, v_x)$) sind in Abbildung 6.8 dargestellt. Die Geschwindigkeit beträgt in der Gleichlaufphase ca. 1 m/s. Allgemein ist eine große Ähnlichkeit zu der in Abschnitt 5.3.2 präsentierten Bewegungstrajektorie zu erkennen, womit ein vergleichbares Testszenario existiert.

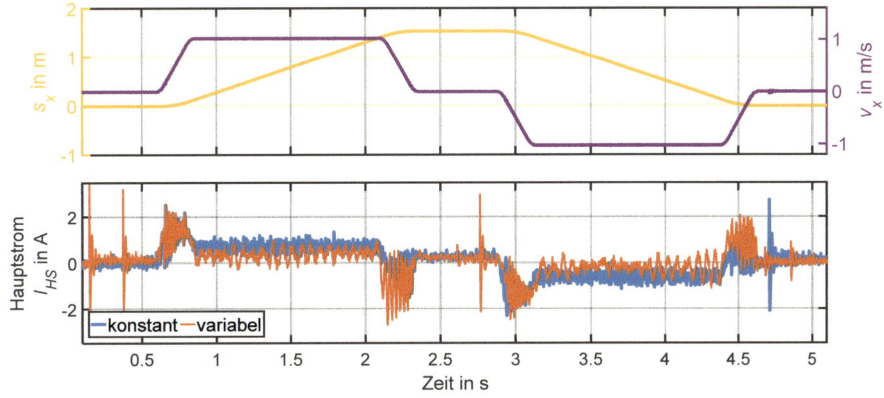

Abbildung 6.8: Verlauf der Position, Geschwindigkeit und des Hauptstroms bei konstanter und variabler Erregung im positionsgeregelten Betrieb mit einem Elmo-Servo-Controller

Aufgrund der niedrigeren magnetischen Erregung ist die Reibkraft geringer, was wiederum eine Verringerung des Hauptstroms in den Gleichlaufphasen bedeutet. Jedoch ist auch hier das erhöhte Schwingverhalten bei variabler Erregung zu sehen, welches in dieser Arbeit in Abschnitt 5.3.3 im Zusammenhang mit dem dritten Optimierungskriterium bei dem Reglerentwurf berücksichtigt wird.

Zur Validierung hinsichtlich der Geräuschemission werden Messungen mit dem am Läufer angebrachten Mikrofon durchgeführt. In Abbildung 6.9 sind für drei Trajektorienzyklen die Verläufe des energieäquivalenten Schalldruckpegels beider Betriebsmodi dargestellt. Es ist zu erkennen, dass beim Beschleunigen und Abbremsen, sprich in den Kraftphasen, ähnliche Verläufe vorliegen. In den Gleichlaufphasen wird dann der Unterschied deutlich, denn der Betrieb unter Verwendung der Ansteuerfunktion ist um ca.

10 dB leiser. Das zeigt, dass der Transfer auf einen kommerziellen Servo-Controller zu ähnlich guten Ergebnissen wie bei der prototypischen Implementierung führt. Dennoch sind bei dem Transfer auf eine kommerzielle Antriebssteuerung weitere Verbesserungen zu erwarten, wenn die Ressourcen der zur prototypischen Entwicklung eingesetzten Echtzeithardware zur Verfügung stehen.

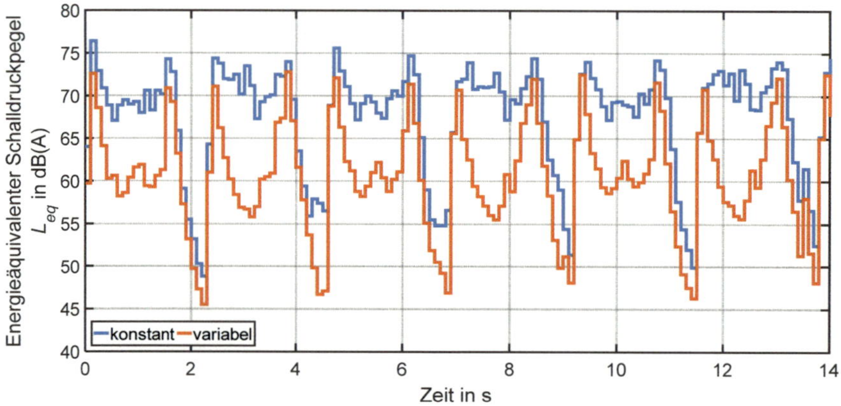

Abbildung 6.9: Vergleich des Schalldruckpegels bei konstanter und variabler Erregung unter Verwendung einer kommerziellen Antriebssteuerung

7 Zusammenfassung und Ausblick

Zusammenfassung

Elektrische Antriebe im Allgemeinen besitzen ein umfassendes Anwendungsspektrum, das von der Automatisierungstechnik über die Fertigungstechnik bis hin zur Automobilindustrie reicht. Bei der Auswahl von Antrieben wird hauptsächlich auf pflichterfüllende Größen wie Maximalkraft, maximale Geschwindigkeit oder Reglergenauigkeit geachtet. Dabei wird oftmals vernachlässigt, wie laut der Antrieb während des Betriebs ist, obwohl es zahlreiche Normen und Vorschriften zur Einhaltung von Grenzwerten gibt.

In dieser Arbeit wurde als Antriebssystem ein linearer Hybridschrittmotor (LHSM) untersucht. Der LHSM ist ein Direktantrieb, der sich durch einen niedrigen Verschleiß und hohe Bewegungsdynamik auszeichnet. Außerdem kann er als Positioniersystem für Präzisionsanwendungen eingesetzt werden. Ein prinzipbedingter Nachteil des LHSM ist jedoch das als Rattern wahrgenommene Geräusch bei der Bewegung des Läufers, was sich besonders bei großen Geschwindigkeiten bemerkbar macht. Die Geräusche werden vom Menschen als Druckschwankungen in der Luft wahrgenommen, wobei das akustische Erscheinungsbild des LHSM wiederum durch Schwingungen des Antriebs verursacht wird. Daher ist das Ziel dieser Arbeit, die Kraftschwankungen des LHSM zu reduzieren, um idealerweise eine Geräuschreduktion zu erreichen. Für diesen Zweck wurden verschiedene steuerungstechnische Methoden untersucht. Dabei sollte aber darauf geachtet werden, dass sich die primären Betriebseigenschaften, die sich vor allem im Regelungsbetrieb zeigen, nicht gravierend verschlechtern.

Der von der Firma Pasim bereitgestellte LHSM-Prototyp besitzt zwei Spulensysteme, sodass dieser als herkömmlicher Motor mit konstanter magnetischer Erregung oder mit variabler Erregung betrieben werden kann. Das Hauptspulensystem ist für den Vorschub verantwortlich und wurde aus einem Standardmotor übernommen. Mit dem Zusatzspulensystem kann die magnetische Erregung und somit das Systemverhalten des Antriebs verändert werden.

Um zunächst Maßnahmen zur Reduzierung von Kraftschwankungen für einen herkömmlichen LHSM zu untersuchen, wird ein konstanter Zusatzstrom eingeprägt, was eine konstante magnetische Erregung zur Folge hat. In Kapitel 4 wurden dafür drei steuerungstechnische Methoden untersucht. Dabei handelt es sich um eine Lastwinkel-Optimierung, eine Rastkraft-Kompensation sowie eine optimierte nichtsinusförmige Kommutierung. Die Optimierung des Lastwinkels bewirkt hauptsächlich eine Effizienzsteigerung der Antriebskraft und sorgt damit für bessere dynamische Eigenschaften. Reduzierte Kraftschwankungen konnten jedoch nicht erzielt werden. Als zweite Methode wurde eine Rastkraft-Kompensation untersucht. Damit sollen die rastkraftbedingten periodischen Kraftschwankungen, die bei niedrigem bzw. nicht vorhandenem Stellstrom auftreten, kompensiert werden. Aufgrund der Eigenschaften der Rastkraftwirkung lassen sich Horizontalschwingungen nur im unteren Geschwindigkeitsbereich reduzieren. Mit der Optimierung der Kommutierung als dritte Methode konnten die Schwingungen auch bei größeren Geschwindigkeiten reduziert werden. Dabei wird eine freie Kommutierung verwendet, die durch individuelle optimierte Stromkennlinien für jede Phase gekennzeichnet ist. Bei der Auswertung wurde deutlich, dass Rastkräfte und richtungsabhängige Eigenschaften des LHSM dafür verantwortlich sind, dass nur in einer Bewegungsrichtung Horizontalschwingungen reduziert werden können.

Die Eigenschaft der variablen magnetischen Erregung wurde in Kapitel 5 gezielt ausgenutzt und eine Ansteuerfunktion zur betriebsabhängigen Bestromung der Zusatzspulen entwickelt. Dazu wurde zunächst der variabel erregte Motor modelliert und der Einfluss des Zusatzstroms auf die Systemdynamik berücksichtigt. Besonders bei den hauptsächlich als elektromagnetische Reibkraft modellierten Ummagnetisierungsverlusten und den Kraftschwankungen treten prägnante Änderungen der Systemeigenschaften auf. Das nichtlineare dynamische Systemmodell wurde identifiziert und war die Grundlage für die Entwicklung einer Ansteuervorschrift für die Zusatzspulen. Dazu wurde ein Optimierungsproblem gelöst, das durch zwei konkurrierende Ziele gekennzeichnet ist. Das Ergebnis ist eine von Hauptstrom und Geschwindigkeit abhängige Ansteuerfunktion. Diese wurde auf die Echtzeithardware implementiert und ist letztendlich dafür verantwortlich, dass der LHSM mit optimaler Antriebskraft und reduziertem Lärm betrieben werden kann. Der verminderte Lärm wurde messtechnisch mit einem Schalldruckpegelmessgerät nachgewiesen und ergab für eine anwendungstypische Bewegungstrajektorie eine Reduzierung von ca. 10 dB, was einer Halbierung der wahrgenommenen Lautstärke entspricht.

Um den Einfluss der Positionsregelung zu untersuchen, wurden verschiedene Reglerstrategien entwickelt. Dabei stellte sich heraus, dass der nichtlineare Kompensationsregler zwar die größte dynamische Reglergenauigkeit aufweist, jedoch aufgrund der Komplexität für den praktischen Einsatz ungeeignet ist. Letztendlich wird ein PID-Regler mit modellbasierter Vorsteuerung für den Betrieb empfohlen. Zum einen können damit die Kraftschwankungen noch weiter reduziert werden und zum anderen wird die Reglergenauigkeit deutlich verbessert. Der Entwurf der Ansteuerfunktion als auch des Reglers sind durch einen Zielkonflikt zwischen Geräuschreduzierung und Reglergenauigkeit gekennzeichnet. Unter der Prämisse, keine merklichen Verschlechterungen der Positioniergenauigkeit zu verursachen, ist die Kombination von variabler Erregung und PID-Regler mit modellbasierter Vorsteuerung besonders hervorzuheben.

Die mit den steuerungstechnischen Methoden für einen Standardmotor erhaltenen reduzierten Kraftschwankungen sind zu gering, um eine wahrnehmbare Geräuschminderung zu erhalten. Dies ist nur mit variabler Erregung durch die optimierte Ansteuerfunktion erreichbar, mit der die Schwingungsstärke um ein Vielfaches reduziert wird. Daraus entsteht die Erkenntnis, dass mit den Methoden für einen Standardmotor, als vermeintlich kostengünstige Lösung, eine Reduzierung von Geräuschen nicht realisierbar ist. Demnach bedarf es eines veränderten konstruktiven Aufbaus des LHSM-Prototypen, der eine variable Erregung ermöglicht und die damit verbundenen erhöhten Kosten. In Zusammenhang mit dem erreichten Ergebnis, und zwar der Halbierung der wahrgenommenen Lautstärke, sind jedoch die größeren Aufwendungen gerechtfertigt.

Mit dem Transfer der Ansteuerfunktion auf einem kommerziellen Servo-Controller der Firma Elmo konnte gezeigt werden, dass ebenfalls deutliche Geräuschreduzierungen erreicht werden und eine praxistaugliche Nutzung der entwickelten Ansteuerfunktion möglich ist.

Ausblick

Wird eine Antriebssteuerung eingesetzt, bei der die Möglichkeiten der Entwicklungshardware (dSpace) zur Verfügung stehen, sind weitere Verbesserungen zu erwarten. Auch die Erhöhung der PWM-Taktrate der kommerziell eingesetzten Leistungsverstärker kann dazu führen, dass der Strom einen kontinuierlicheren Verlauf aufweist, was besonders für die Ansteuerfunktion von Bedeutung ist.

Des Weiteren können auf Grundlage der Erkenntnisse dieser Arbeit, Empfehlungen für den konstruktiven Aufbau des LHSM ausgesprochen werden. Das Zusatzjoch ist ein massiver Körper aus Eisen. Dieser kann durch eine geblechtes Ferromagnetikum ersetzt werden, wodurch die Ummagnetisierungsverluste deutlich reduziert werden können. Durch die geometrische Größe des Abstandes des Zusatzjochs zu dem herkömmlichen Eisenkreis wird das Verhalten der variablen Erregung und der Aussteuerbereich des Zusatzstroms bestimmt. Unter Berücksichtigung dieser Eigenschaften kann eine minimale Verlustleistung angestrebt werden. Auch durch den Einsatz von Materialien mit besseren ferromagnetischen Eigenschaften kann das Systemverhalten optimiert werden. Das betrifft hauptsächlich die Erhöhung der Linearität und der Sättigungsschwellwerte der magnetischen Werkstoffe. Damit kann ein homogeneres Systemverhalten und eine Vergrößerung der Maximalkraft erreicht werden.

Bezüglich der Methodik der optimierten Kommutierung für einen Standardmotor (siehe Abschnitt 4.3) kann durch Veränderung der Spuleneigenschaften die Stromdynamik erhöht werden, sodass die sechsfachen Oberwellen der optimierten Stromfunktionen schneller eingeprägt werden können. Außerdem könnte die Änderung des Einflusses von Rastkräften und Kraftwelligkeit durch sich dynamisch ändernde Kommutierungskennlinien berücksichtigt werden, sodass je nach Betriebszustand eine optimale Kommutierung vorliegt, um Kraftschwankungen weiter zu reduzieren. Darüber hinaus kann mit dieser Methode auch eine konstante Anziehungskraft von Läufer und Stator gefordert werden, um zusätzlich Vertikalschwingungen zu reduzieren. Dies setzt allerdings Kenntnis der Kraftfunktionen in vertikaler Richtung voraus.

Um die gezeigten Methoden, sei es für einen konstant erregten Standardmotor oder für einen variabel erregbaren Motor mit abweichenden Eigenschaften (Magnetkreis, Materialien, Baugröße) anzuwenden, wird es immer erforderlich sein, eine Systemidentifikation durchzuführen. Dies betrifft beispielsweise die Kraftfunktionen für die optimierte Kommutierung oder die optimierte Ansteuerfunktion für die variable Erregergröße. Um für eine schnelle praxisorientierte Inbetriebnahme zu sorgen, können automatisierte Identifikationsalgorithmen verwendet werden. Das heißt, dass verschiedene Identifikationsmessfahrten durchgeführt und die Parameter der vorgegebenen Modellstruktur bestimmt werden. Damit ist es dann möglich, eine optimierte Kommutierung bzw. Ansteuerfunktion für die Zusatzspulen zu ermitteln. Letztendlich stünden nach Abschluss des beschriebenen automatisierten Inbetriebnahmeprozesses die entsprechenden Kennlinien zur Verfügung, die dann auf einem Servo-Controller ausgeführt werden können.

Anhang

A.1 Parameter

A.1.1 Rastkraft-Kompensation

Tabelle A.1: Parameter der Rastkraft-Kompensation

Parameter		p_{Rast1}	p_{Rast2}	p_{Rast3}	p_{Rast4}	p_{Rast5}	p_{Rast6}	p_{Rast7}	p_{Rast8}	p_{Rast9}
Wert		0,05	−0,03	0,21	−0,06	0,01	12,0	−0,17	6,0	0,01

A.1.2 Dynamische Antriebskraft

Tabelle A.2: Parameter der statischen Antriebskraft

Parameter		p_{A1}	p_{A2}	p_{A3}	p_{A4}	p_{A5}
Wert		0,08	−0,27	20,12	3,98	0,29

Tabelle A.3: Parameter der Reibkraft

Parameter		P_{R1}	P_{R2}	P_{R3}	P_{R4}	P_{R5}	P_{R6}
Wert		1,81	1,11	0,33	2,67	3,52	0,97
Parameter		P_{R7}	P_{R8}	P_{R9}	P_{R10}	P_{R11}	
Wert		−0,34	0,49	0,04	−0,01	0,34	

A.1.3 Kraftschwankungen

Tabelle A.4: Parameter der Schwingungsform

Parameter	$p_{KS,F1}$	$p_{KS,F2}$	$p_{KS,F3}$	$p_{KS,F4}$	$p_{KS,F5}$	$p_{KS,F6}$
Wert	13,26	1,53	6,08	−9,58	0,03	3,06

Tabelle A.5: Parameter der Schwingungsstärke

Parameter	$p_{KS,St1}$	$p_{KS,St2}$	$p_{KS,St3}$	$p_{KS,St4}$	$p_{KS,St5}$	$p_{KS,St6}$	$p_{KS,St7}$
Wert	−0,08	0,14	−1,66	−0,62	−2,08	0,40	0,20

A.1.4 Regler

Tabelle A.6: Parameter des Gain-Scheduling-Reglers

Parameter	k_{P1}	k_{P2}	k_{I1}	k_{I2}	k_{D1}	k_{D2}	k_{N1}	k_{N2}	f_{IZS} [Hz]
Wert	2612	1315	24975	14,4	21,3	−4,30	151	52,5	10,12

Tabelle A.7: Parameter des Extended-Kalman-Filters. Als Entwurfsparameter für das EKF sind die Kovarianzmatrix des Prozessrauschen **Q** sowie die Varianz des Messrauschens *r* festzulegen.

Parameter	**Q**	*r*
Wert	$\begin{bmatrix} 2,5\cdot10^{-10} & 0 & 0 \\ 0 & 8,6\cdot10^{-13} & 0 \\ 0 & 0 & 1,6\cdot10^{-4} \end{bmatrix}$	$1{,}9\cdot10^{-5}$

Tabelle A.8: Parameter des nichtlinearen Kompensationsreglers

Parameter	D_k	T_k	s_1	s_2
Wert	0,69	0,0078	−29,73	−117,61

A.1.5 Modellbasierte Vorsteuerung

Tabelle A.9: Parameter der reduzierten statischen Antriebskraft

Parameter		$p_{A,red1}$	$p_{A,red2}$	$p_{A,red3}$
Wert		4,94	2,31	0,32

Tabelle A.10: Parameter der Reibkraft mit reduziertem Antriebskraftmodell

Parameter		$p_{R,red1}$	$p_{R,red2}$	$p_{R,red3}$	$p_{R,red4}$	$p_{R,red5}$	$p_{R,red6}$
Wert		1,55	0,821	0,27	2,81	1,38	1,89
Parameter		$p_{R,red7}$	$p_{R,red8}$	$p_{R,red9}$	$p_{R,red10}$	$p_{R,red11}$	
Wert		2,91	0,08	−0,73	0,18	0,36	

A.2 Lastwinkel-Optimierung

Zunächst soll anhand einer Wahrscheinlichkeitsdichteverteilung in Abbildung A.1 gezeigt werden, dass bei der Lastwinkel-Optimierung die Varianz mit fünf Messfahrten im Vergleich zu einer nicht abnimmt. Dabei werden 20 Optimierungsläufe für eine Geschwindigkeit von 0,5 m/s durchgeführt. Des Weiteren soll damit gezeigt werden, dass eine Standardabweichung von $\pm 1°$ dafür sorgt, dass die Unterschiede einer richtungsabhängigen Gesamtkennlinie (siehe Abbildung 4.5) sich kaum auf den Betrieb des LHSM auswirken.

A.3 Längssteifigkeit

Als Ursache für die Längssteifigkeit des Läufers sind hauptsächlich Rückstellkräfte durch die Kabelmitführung zu sehen. Dadurch wird auf den Läufer eine Federkraft ausgeübt, die besonders im Bereich der Endlagen am deutlichsten auftritt. Allerdings wurde bei dem Aufbau darauf geachtet, dass die Kabelmitführung möglichst geringe Kräfte erzeugt. Die Abbildung A.2 zeigt, dass lediglich im Bereich der negativen Endlagen die Rückstellkraft maximal auf ca. 0,15 N steigt. Daher wurde die Längssteifigkeit bei der Modellbildung vernachlässigt.

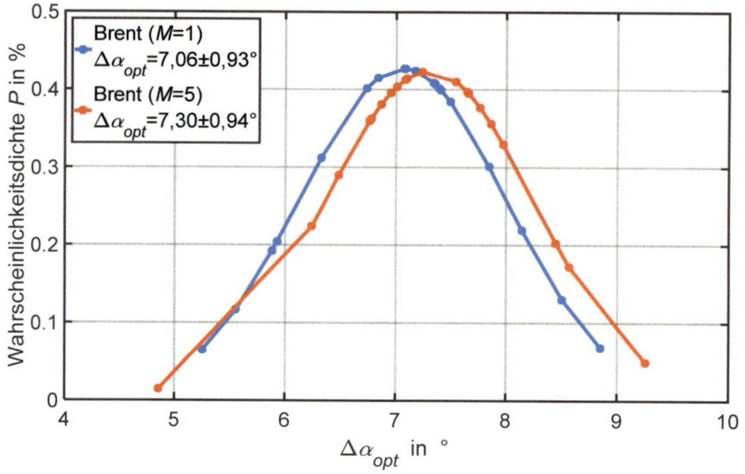

Abbildung A.1: Wahrscheinlichkeitsdichtefunktionen bei Optimierung des Lastwinkels für eine Geschwindigkeit von 0,5 m/s unter Verwendung von einer ($M = 1$) und fünf ($M = 5$) Messfahrten zur Ermittlung des Gütewertes

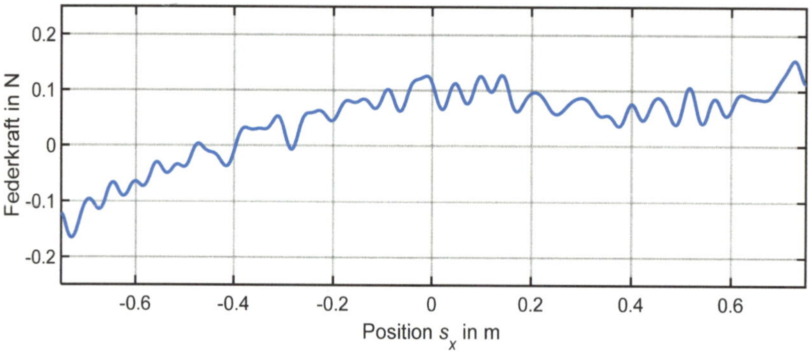

Abbildung A.2: Kraft auf den Läufer in Längsrichtung durch die Kabelmitführung

A.4 Notwendige Bedingung des nichtlinearen Kompensationsreglers

Damit der nichtlineare Kompensationsregler verwendet werden kann, darf der Kehrwert von d^* (siehe Gleichung (5.73)) entsprechend der Bedingung (5.65) nicht null sein. Aus diesem Grund wird $1/d^*$ für den definierten Arbeitsbereich von Haupt- und Zusatzstrom graphisch in Abbildung A.3 dargestellt. Es ist ersichtlich, dass die Werte zwar klein sind, aber die notwendige Bedingung erfüllt wird, sodass der nichtlineare Kompensationsregler eingesetzt werden kann.

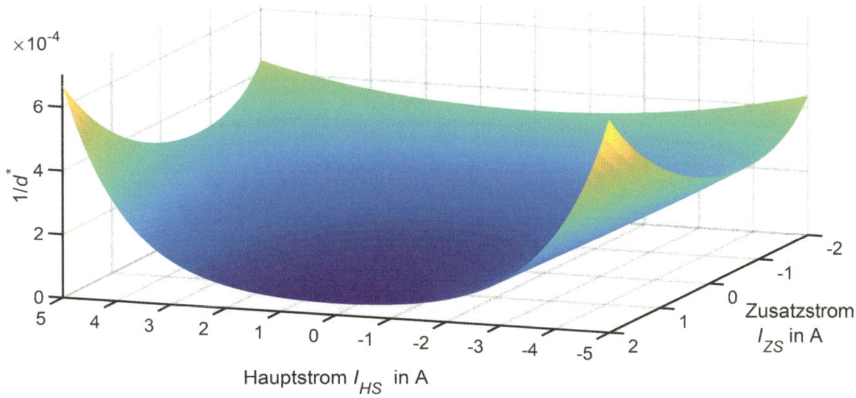

Abbildung A.3: Kehrwert von d^* zum Nachweis der Anwendungsbedingung des nichtlinearen Kompensationsreglers

A.5 Schwingungen

In Abbildung A.4 werden die gemessenen Schwingungen des dreiachsigen Beschleunigungssensors einer Fahrt mit der definierten Bewegungstrajektorie (siehe Abschnitt 5.3.2) im Verhältnis zueinander dargestellt. Dabei ist zu erkennen, dass die Vertikalschwingungen am stärksten sind. Die Stärke der Querschwingungen ist am niedrigsten, aber liegt nur leicht unter den Horizontalschwingungen.

In Abbildung A.5 soll gezeigt werden, dass bei variabler magnetischer Erregung unter Verwendung der Ansteuerfunktion (Konf. 8) die Schwingungen in allen Raumrichtungen reduziert werden. Dadurch kann im Vergleich mit konstanter Erregung (Konf. 1) eine Reduzierung der Geräuschemission erreicht werden. Somit wird deutlich, dass nicht nur Starrkörperschwingungen, sondern auch Strukturschwingungen verantwortlich für den gesamten Schwingungszustand des Läufers sind.

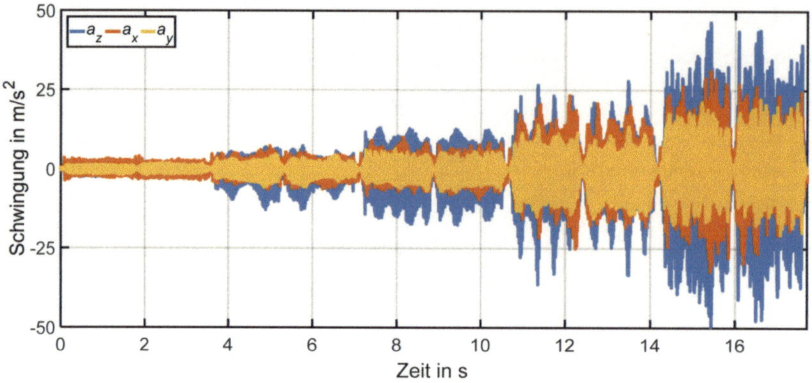

Abbildung A.4: Vergleich der Schwingungsstärken in allen drei Raumrichtungen im Betriebsmodus mit konstanter Erregung und PID-Regler (Konf. 1)

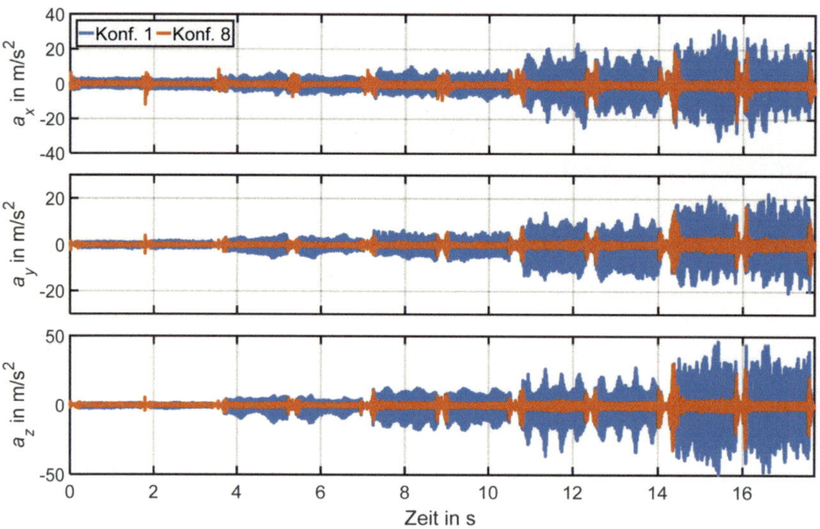

Abbildung A.5: Zeitverlauf der Schwingungen im Vergleich mit konstanter und variabler Erregung

Literaturverzeichnis

[1] ADAMY, JÜRGEN: *Nichtlineare Systeme und Regelungen*. 2. Aufl.: Springer Vieweg, 2014 — ISBN 978-3-642-45013-6.

[2] AHN, HYO-SUNG ; YANGQUAN CHEN ; HUIFANG DOU: State-periodic adaptive compensation of cogging and Coulomb friction in permanent-magnet linear motors. In: *IEEE Transactions on Magnetics* Bd. 41 (2005), Nr. 1, S. 90–98.

[3] ALLEGRO MICROSYSTEMS, LLC: ACS 712, Fully Integrated, Hall Effect-Based Linear Current Sensor IC with 2.1 kVRMS Isolation and a Low-Resistance Current Conductor. Datenblatt, 2017.

[4] AMENT, CHRISTOPH ; GLOTZBACH, THOMAS: Skript zur Vorlesung Modellbildung. Ilmenau, Technische Universität, 2015.

[5] AMENT, CHRISTOPH: Skript zur Vorlesung Regelungs- und Systemtechnik 2. Ilmenau, Technische Universität, Vorlesungsskript, 2013.

[6] AMTHOR, ARVID ; KAISER, IRINA ; ROGGE, NORBERT ; WEIß, HEIKO: Analyse, physikbasierte Modellierung und Systemidentifikation von Waagen nach dem Prinzip der elektromagnetischen Kraftkompensation (EMK). In: *Technisches Messen: tm: Sensoren, Geräte, Systeme,* Bd. 82 (2015), Nr. 7, S. 393–401.

[7] AMTHOR, ARVID: *Modellbasierte Regelung von Nanopositionier- und Nanomessmaschinen*. Düsseldorf : VDI Verl., 2010 — ISBN 978-3-18-517908-2.

[8] ANTONELLO, RICCARDO ; CENEDESE, ANGELO ; OBOE, ROBERTO: Torque Ripple Minimization in Hybrid Stepper Motors Using Acceleration Measurements1. In: *IFAC Proceedings Volumes, IFAC World Congress of the International Federation of Automatic Control, 18*. Bd. 44 (2011), Nr. 1, S. 10349–10354.

[9] ASCHENDORF, BERND: *FEM bei elektrischen Antrieben 2 : Anwendungen: Gleichstrommaschinen, Asynchronmaschinen, Synchronmaschinen, Linearmotoren*: Springer Vieweg, 2014 — ISBN 978-3-658-05250-8.

[10] ASTRÖM, KARL J. ; WITTENMARK, BJÖRN: *Adaptive control*. 2. Aufl. Mineola, NY: Dover Publ., 2008 — ISBN 0-486-46278-1.

[11] BAIER, HORST: *Optimierung in der Strukturmechanik*. Braunschweig/Wiesbaden : Vieweg Teubner Verlag, 1994 — ISBN 978-3-322-90700-4.

[12] BALLAS, RÜDIGER G. ; PFEIFER, GÜNTHER ; WERTHSCHÜTZKY, ROLAND: *Elektromechanische Systeme der Mikrotechnik und Mechatronik: dynamischer Entwurf - Grundlagen und Anwendungen.* 2. Aufl. Berlin [u.a.] : Springer, 2009 — ISBN 978-3-540-89317-2.

[13] BARTZ, WILFRIED J.: *Luftlagerungen und Magnetlager: Grundlagen und Anwendungen.:* 3. Aufl. Renningen : expert verlag, 2014 — ISBN 978-3-8169-1962-9.

[14] BASTOS, JOAO PEDRO: *Electromagnetic Modelling by Finite Elements Methods, Electrical and Computer Engineering*: Marcel Dekker Inc, 2003 — ISBN 978-0-8247-4269-0.

[15] BEINEKE, STEPHAN: *Online-Schätzung von mechanischen Parametern, Kennlinien und Zustandsgrößen geregelter elektrischer Antriebe:* VDI-Verl., 2000. — ISBN 978-3-18-381608-8.

[16] BERKEMER, JOACHIM ; ALTENBURGER, RUPRECHT ; KOCH, THOMAS ; LEHNER, WOLF D.: Effektive Nutzung des Leistungspotenzials von Direktantrieben. In: *wt Werkstattstechnik online Jahrgang 94 (2004), S.233-241.*

[17] BERTOLINI, THOMAS ; FUCHS, THOMAS: *Schwingungen und Geräusche elektrischer Kleinantriebe: Messung, Analyse, Interpretation, Optimierung.* München: Süddt. Verl. onpact, 2011. — ISBN 978-3-86236-017-8.

[18] BINDER, ANDREAS: *Elektrische Maschinen und Antriebe: Grundlagen, Betriebsverhalten*: Springer, 2012. — ISBN 978-3-540-71850-5.

[19] BINDER, ANDREAS: *Elektrische Maschinen und Antriebe: Übungsbuch: Aufgaben mit Lösungsweg.* 2. Aufl. 2017. Aufl.: Springer Vieweg, 2017 — ISBN 978-3-662-53543-1.

[20] BINDER, ANDREAS: *Vorlesung „Motordevelopement for Electrical Drive Systems".* URL: http://www.ew.tu-darmstadt.de/media/ew/vorlesungen_4/vorlesungmotordevelopementforelectricaldrivesystems/ss_14/Folie_MD_2_english.pdf- abgerufen am 2017-11-10. — Institut für Elektrische Energiewandlung – Technische Universität Darmstadt.

[21] BOHN, CHRISTIAN ; UNBEHAUEN, HEINZ: *Identifikation dynamischer Systeme: Methoden zur experimentellen Modellbildung aus Messdaten.* Wiesbaden : Springer Vieweg, 2016 — ISBN 978-3-8348-1755-6.

[22] BOLTE, EKKEHARD: *Elektrische Maschinen: Grundlagen, Magnetfelder, Wicklungen, Asynchronmaschinen, Synchronmaschinen, elektronisch kommutierte Gleichstrommaschinen.* Berlin [u.a.]: Springer, 2012. — ISBN 978-3-642-05484-6.

[23] BRAHMS, ULRICH: *Regelung von Lineardirektantrieben für Werkzeugmaschinen.* Düsseldorf: VDI-Verl., 1998. — ISBN 978-3-18-373508-2.

[24] BRENT, RICHARD P.: *Algorithms for Minimization Without Derivatives*: Dover Publications, 2013 — ISBN 978-0-486-41998-5.

[25] BÜCHNER, STEFFEN: *Modellierung und Identifikation elektromechanischer Aktoren am Beispiel einer Dieselregelklappe.* Ilmenau, Technische Universität, Dissertation, 2014.

[26] BUCHNIK, Y. ; RABINOVICI, R.: Speed and position estimation of brushless DC motor in very low speeds. In: *2004 23rd IEEE Convention of Electrical and Electronics Engineers in Israel*, 2004, S. 317–320.

[27] CHINNECK, JOHN W.: *Practical Optimization: A Gentle Introduction.* Ottawa, Canada, Vorlesungsskript 2015.

[28] DOMANN, N.: Numerische Berechnung des Körperschalls von elektrischen Maschinen, Jahresbericht, 2008.

[29] DREIFKE, LARS: *Untersuchungen an planaren Hybridschrittmotoren mit Hallsensoren zur Magnetflussregelung und Positionsbestimmung.* Ilmenau, Technische Universität, Dissertation, 2003.

[30] DRESIG, HANS: *Maschinendynamik.* 12. Auflage. Aufl. Berlin: Springer, 2016. — ISBN 978-3-662-52712-2.

[31] DSPACE GMBH: *dSPACE - Homepage.* URL: https://www.dspace.com/de/gmb/home.cfm. - abgerufen am 2017-11-27.

[32] ECKSTEIN GMBH: *Pololu High-Power Motor Driver 36V9 User's Guide.* Datenblatt. URL: https://ecksteinimg.de/Datasheet/Pololu/PO757.pdf. - abgerufen am 2018-03-15.

[33] EICHFELDER, GABRIELE: *Parametergesteuerte Lösung nichtlinearer multikriterieller Optimierungsprobleme.* Erlangen/Nürnberg, Universität, Dissertation, 2006.

[34] EICHHORN, M. ; WOITHE, H. C. ; KREMER, U.: Comparison of guidance modes for the AUV "Slocum Glider " in time-varying ocean flows. In: *OCEANS 2014 - TAIPEI*, 2014, S. 1–9.

[35] EICHHORN, MIKE: Schaltungsanordnung zur Ermittlung des optimalen Lastwinkels bei elektronisch kommutierten selbstgeführten Antrieben. Patentnummer: DE29914972U1. Ilmenau, 1999.

[36] EISENBEIS, GOTTFRIED: *Einige Aspekte beim Vergleich von Synchronmotor-Positionier-Antrieben mit elektronischer Kommutierung bei Fremd- und Selbsttaktung.* Kaiserslautern, Universität, Dissertation, 1995.

[37] EL FEZZANI, WALID ; AMOR, ABDESSATTAR BEN: Finite Element Methods Applied to the Tubular Linear Stepping Motor. In: *Journal of Electromagnetic Analysis and Applications (JEMAA)* (2013).

[38] ELGO ELECTRONIC: *EMIX23 Inkrementalmesssystem Lineares Längenmesssystem mit hoher 1 µm Auflösung.* Datenblatt. URL: https://www.elgo.de/fileadmin/user_upload/pdf/flyer/sensors/EMIX23-000-FL-D.pdf. - abgerufen am 2017-11-21.

[39] ELMO MOTION CONTROL LTD.: *DC Whistle Digital Servo Drive Installation Guide.* Bedienungsanleitung, 2013.

[40] ELMO MOTION CONTROL LTD.: *Elmo Application Studio (EAS) User Guide.* Bedienungsanleitung, 2012.

[41] FAHRBACH, CHRISTIAN: *Regelung hochdynamischer elektrischer Servo-Direktantriebe in Fertigungseinrichtungen.* Berlin [u.a.]: Springer, 1999. — ISBN 978-3-540-65634-0.

[42] FERGUSON, DAVID E.: Fibonaccian Searching. In: *Commun. ACM,* Bd. 3, Nr. 12, (1960), S. 648.

[43] FLEGEL, GEORG ; BIRNSTIEL, KARL ; NERRETER, WOLFGANG ; BORCHERDING, UWE ; MEIER, UWE: *Elektrotechnik für Maschinenbau und Mechatronik.* 10. Aufl. München: Hanser, 2016. — ISBN 978-3-446-44496-6.

[44] FÖLLINGER, OTTO: *Harmonische Balance, Popow- und Kreiskriterium, Hyperstabilität, Synthese im Zustandsraum.* 7. Aufl. München [u.a.] : Oldenbourg, 1993. — ISBN 978-3-486-22503-7.

[45] GERKE, WOLFGANG: *Elektrische Maschinen und Aktoren: eine anwendungsorientierte Einführung.* München: Oldenbourg Verlag, 2012. — ISBN 978-3-486-71265-0.

[46] GIßLER, JÖRG: *Elektrische Direktantriebe.* 1. Aufl.: Franzis Verlag, 2005 — ISBN 978-3-7723-5007-8.

[47] GRAICHEN, KNUT: Methoden der Optimierung und optimalen Steuerung. Ulm, Vorlesungsskript 2012.

[48] GREIF, SEBASTIAN: *Modellbildung und Identifikation von linearen Direktantrieben.* Ilmenau, Technische Universität, Bachelorarbeit, 2015.

[49] HÄFFNER, JÜRGEN: *Reaktionsschnelle Linear-Direktantriebe mit unterlagerter Regelung ihrer Beschleunigung.* Aachen: Shaker, 2002. — ISBN 978-3-8322-0678-9.

[50] HAN, HYUNG-SUK: *Magnetic levitation : maglev technology and applications.* 2016. — ISBN 978-94-017-7524-3.

[51] HEDDERICH, JÜRGEN: *Angewandte Statistik.* 15. Aufl. Berlin [u.a.]: Springer Spektrum, 2016 — ISBN 978-3-662-45690-3.

[52] HEIMANN, BODO ; ALBERT, AMOS ; ORTMAIER, TOBIAS ; RISSING, LUTZ: *Mechatronik: Komponenten - Methoden.* 4. Aufl. München: Carl Hanser Verlag, 2016. — ISBN 978-3-446-44451-5.

[53] HEINZE, RONALD: *Industrie 4.0 im internationalen Kontext : Kernkonzepte, Ergebnisse, Trends.* 2. Aufl., 2017 — ISBN 978-3-410-27603-6.

[54] HENGER, MARTIN: *Zur Betriebsfestigkeit elektrischer Maschinen in Elektro- und Hybridfahrzeugen.* Wiesbaden: Springer Vieweg, 2013. — ISBN 3-658-00706-0.

[55] Henrotte, F. ; Hameyer, K.: A dynamical vector hysteresis model based on an energy approach. In: *IEEE Transactions on Magnetics* Bd. 42 (2006), Nr. 4, S. 899–902.

[56] Hering, Ekbert ; Schönfelder, Gerd: *Sensoren in Wissenschaft Und Technik Funktionsweise Und Einsatzgebiete.* 2. Aufl.: Vieweg + Teubner Verlag, 2016. — ISBN 978-3-658-12561-5.

[57] Hong, Jung-Pyo ; Ha, Kyung-Ho ; Lee, Ju: Stator pole and yoke design for vibration reduction of switched reluctance motor. In: *IEEE Transactions on Magnetics* Bd. 38 (2002), Nr. 2, S. 929–932.

[58] Hu, Ai-Ping ; Register, A. ; Sadegh, N.: Using a learning controller to achieve accurate linear motor motion control. In: *1999 IEEE/ASME International Conference on Advanced Intelligent Mechatronics (Cat. No.99TH8399)*, 1999, S. 611–616.

[59] Humburg, K.: Die Entstehung des Drehmomentes in elektrischen Maschinen. In: *Elektrotechnische Zeitschrift : ETZ : Organ des Verbandes Deutscher Elektrotechniker (VDE)* Bd. 71. Jahrg., Heft 12, S. 311–131.

[60] Hwang, Tai-Sik ; Seok, Jul-Ki ; Kim, Dong-Hun: Active damping control of linear hybrid stepping motor for cogging force compensation. In: *IEEE Transactions on Magnetics* Bd. 42 (2006), Nr. 2, S. 329–334.

[61] IMMS gGmbH: *Interner Projektbericht.* Ilmenau, Technische Universität, 2016.

[62] Joerges, Philipp Wolfgang Bernold: *Rastkräfte und ihre Auswirkungen auf die Positioniergenauigkeit und die Dynamik in Lineardirektantrieben.* Stuttgart: IKFF, 2011. — ISBN 978-3-922381-34-1.

[63] Jordan, Heinz: *Geräuscharme Elektromotoren: Lärmbildung und Lärmbeseitigung bei Elektromotoren.* Essen: Girardet, 1950.

[64] Kalivoda, Manfred T.: *Taschenbuch der Angewandten Psychoakustik* : Springer Vienna, 1998 — ISBN 978-3-7091-6490-7.

[65] Kallenbach, Eberhard ; Eick, Rüdiger ; Quendt, Peer ; Ströhla, Tom ; Feindt, Karsten ; Kallenbach, Matthias ; Radler, Oliver: *Elektromagnete: Grundlagen, Berechnung, Entwurf und Anwendung.* 4. Aufl. Wiesbaden : Vieweg Teubner, 2012 — ISBN 978-3-8348-0968-1.

[66] Kiefer, J.: Sequential Minimax Search for a Maximum. In: *Proceedings of the American Mathematical Society,* Bd. 4, Nr. 3, 1953, S. 502-506.

[67] Kim, Phil ; Schneider, D. U. (Übers.): *Kalman-Filter für Einsteiger: mit Matlab Beispielen.* 1. Aufl.: CreateSpace Independent Publishing Platform, 2016 — ISBN 978-1-5027-2378-9.

[68] Klein, Bernd: *FEM: Grundlagen und Anwendungen der Finite-Element-Methode im Maschinen- und Fahrzeugbau, Lehrbuch.* 10. Aufl. Wiesbaden : Springer Vieweg, 2015 — ISBN 978-3-658-06054-1.

[69] KLEMENT, JOACHIM: *Technologie der elektrischen Direktantriebe: mit 4 Tabellen*. Renningen: expert-Verl., 2009. — ISBN 978-3-8169-2822-5.

[70] LAUZI, M.: Lineardirektantriebe als innovative Komponente für den Sondermaschinenbau - ein Überblick zu verfügbaren Bauvarianten. In: *Automatisierungstechnische Praxis - atp* Bd. 44 (2002), Nr. 5, S. 30.

[71] LEE, S. H ; HONG, J. P ; LEE, W. T ; HWANG, S. M ; LEE, J. Y ; KIM, Y. K: Optimal Design for Noise Reduction in Interior Permanent Magnet Motor. In: *Conference Record of the 2006 IEEE Industry Applications Conference Forty-First IAS Annual Meeting*. Bd. 4, 2006, S. 1927–1932.

[72] LI, PU: Optimale Steuerung 2. Ilmenau, Technische Universität, Vorlesungsskript, 2017.

[73] LUNZE, JAN: *Regelungstechnik 1: Systemtheoretische Grundlagen, Analyse und Entwurf einschleifiger Regelungen* : Springer-Verlag, 2016.— ISBN 978-3-662-52678-1.

[74] LUNZE, JAN: *Regelungstechnik 2: Mehrgrößensysteme, digitale Regelung*. 9. Aufl. Berlin: Springer Vieweg, 2016. — ISBN 978-3-662-52675-0.

[75] MAKKAR, C. ; DIXON, W. E. ; SAWYER, W. G. ; HU, G.: A new continuously differentiable friction model for control systems design. In: *Proceedings, 2005 IEEE/ASME International Conference on Advanced Intelligent Mechatronics*, 2005, S. 600–605.

[76] MALAIZÉ, J. ; LÉVINE, J.: An Observer-based design for cogging forces cancellation in permanent magnet linear motors. In: *Proceedings of the 48h IEEE Conference on Decision and Control (CDC) held jointly with 2009 28th Chinese Control Conference*, 2009, S. 6811–6816.

[77] MARINESCU, MARLENE: *Elektrische und magnetische Felder: eine praxisorientierte Einführung*. 3. Aufl. Berlin [u.a.]: Springer, 2012. — ISBN 978-3-642-24219-9.

[78] MARLER, TIMOTHY ; ARORA, JASBIR S.: The weighted sum method for multi-objective optimization: new insights. In: *Structural and Multidisciplinary Optimization* Bd. 41 (2010), Nr. 6, S. 853.

[79] MATHWORKS, INC.: *fmincon – Find minimum of constrained nonlinear multivariable function*. URL: https://de.mathworks.com/help/optim/ug/fmincon.html. - abgerufen am 2017-12-20.

[80] MATHWORKS, INC.: *lsqnonlin – Solve nonlinear least-squares (nonlinear data-fitting) problems*. URL: https://de.mathworks.com/help/optim/ug/lsqnonlin.html. - abgerufen am 2017-12-16

[81] MATHWORKS, INC.: *MathWorks – Entwickler von MATLAB und Simulink*. URL: https://de.mathworks.com/. - abgerufen am 2017-11-27.

[82] MATHWORKS, INC.: *Simulink Design Optimization.* URL: https://de.mathworks.com/products/sl-design-optimization/features.html. - abgerufen am 2018-01-19.

[83] MERRY, R.J.E. ; VAN DE MOLENGRAFT, M.J.G. ; STEINBUCH, M.: Optimal higher-order encoder time-stamping. In: *Mechatronics* Bd. 23 (2013), Nr. 5, S. 481–490.

[84] METRA MESS- UND FREQUENZTECHNIK IN RADEBEUL E.K.: Integrierende Ladungsverstärker. — Datenblatt.

[85] METRA MESS- UND FREQUENZTECHNIK IN RADEBEUL E.K.: *Ladungsverstärker Serie M68.* — Bedienungsansleitung.

[86] METRA MESS- UND FREQUENZTECHNIK IN RADEBEUL E.K.: *Triaxial-Beschleunigungsaufnehmer KS943B100.* Datenblatt. URL: https://www.mmf.de/pdf/1-8-1.pdf. - abgerufen am 2017-11-22.

[87] MEYER, MARTIN: *Signalverarbeitung: analoge und digitale Signale, Systeme und Filter.* 7. Aufl. Wiesbaden: Springer Vieweg, 2014 — ISBN 978-3-658-02611-0.

[88] MÖSER, MICHAEL: *Technische Akustik.* 10. Aufl. Berlin: Springer Vieweg, 2015. — ISBN 978-3-662-47704-5.

[89] MÜLLER, GERHARD: *Numerische Methoden der Technischen Akustik, Fachwissen Technische Akustik*: Springer Berlin Heidelberg, 2017. — ISBN 978-3-662-55409-8.

[90] MÜLLER, GERMAR ; VOGT, KARL ; PONICK, BERND: *Berechnung elektrischer Maschinen.* 6. Aufl. Weinheim: Wiley-VCH Verlag GmbH & Co. KGaA, 2008. — ISBN 978-3-527-40525-1.

[91] MUTSCHLER, ROBERT: *Untersuchung zur Konzeption einer elektrohydraulischen Energieversorgung für zukünftige PKW-Bremssysteme unter besonderer Berücksichtigung der Pulsationsminderung.* Darmstadt, Technische Universität, Dissertation, 1999.

[92] OJEDA, X. ; HANNOUN, H. ; MININGER, X. ; HILAIRET, M. ; GABSI, M. ; MARCHAND, C. ; LÉCRIVAIN, M.: Switched reluctance machine vibration reduction using a vectorial piezoelectric actuator control. In: *European Physical Journal: Applied Physics* Bd. 47 (2009), Nr. 3, S. 1–8.

[93] OTTEN, G. ; VRIES, T. J. A. DE ; AMERONGEN, J. VAN ; RANKERS, A. M. ; GAAL, E. W.: Linear motor motion control using a learning feedforward controller. In: *IEEE/ASME Transactions on Mechatronics* Bd. 2 (1997), Nr. 3, S. 179–187.

[94] PAGIN, D. ; LÜDTKE, SVEN: Entwurf und Inbetriebnahme von Präzisionsregelungssystemen für translatorische und rotatorische Direktantriebe. In: *VDI-Berichte* Bd. 1971 (2007), S. 377.

[95] PASIM DIREKTANTRIEBE GMBH: *PASIM Direktantriebe Homepage.* URL: http://www.direktantriebe.de/firma.htm. - abgerufen am 2017-11-27.

[96] PASIM DIREKTANTRIEBE GMBH: *RSL SB64-3/2 und 2/3*. Datenblatt. URL: http://direktantriebe.de/produktnavigator/wp-content/uploads/Datenblatt-SB64-3-2-u.-2-3_neu.pdf. - abgerufen am 2018-02-28.

[97] PCE DEUTSCHLAND GMBH PRÜFGERÄTE: *Schallpegelmessgerät SLT-TRM*. Datenblatt. URL: https://www.pce-instruments.com/deutsch/slot/1/download/16247/datenblatt-schallpegelmessgeraet-slt-trm.pdf. - abgerufen am 2017-11-22.

[98] PETERSEIM, MARCEL: *Optimierung der Kommutierung eines Linearantriebes zur Reduzierung von Kraftwelligkeiten*. Ilmenau, Technische Universität, Masterarbeit, 2017.

[99] PFEIFFER, T.: *Arbeitsschutz von A - Z*. Freiburg im Breisgau : Haufe-Lexware, 2012 — ISBN 978-3-648-03407-1.

[100] PICCOLI, MATTHEW: Cogging Torque Ripple Minimization via Position-Based Characterization. In: *Robotics: Science and Systems (RSS)*.

[101] PIETRUSZKA, WOLF DIETER: *MATLAB und Simulink in der Ingenieurpraxis: Modellbildung, Berechnung und Simulation*. 4. Aufl. Wiesbaden: Springer Vieweg, 2014. — ISBN 978-3-658-06419-8.

[102] PIETRUSZKA, WOLF DIETER: *MATLAB und Simulink in der Ingenieurpraxis: Modellbildung, Berechnung und Simulation*. 4. Aufl. Wiesbaden: Springer Vieweg, 2014 — ISBN 978-3-658-06419-8.

[103] PIETSCH, INGO T.: *Adaptive Steuerung und Regelung ebener Parallelroboter*. Essen : Vulkan-Verl., 2003 — ISBN 978-3-8027-8675-4.

[104] QUAID, A. E. ; XU, Y. S. ; HOLLIS, R. L.: Force characterization and commutation of planar linear motors. In: *Proceedings of International Conference on Robotics and Automation*. Bd. 2, 1997, S. 1202–1207 Bd.2.

[105] RÄUMSCHÜSSEL, ERICH: Nichtlineares Modell eines Linearschrittmotors auf der Basis von Daten aus der Magnetfeldberechnung. In: *45. Internationales Wissenschaftliches Kolloquium*. Ilmenau, 2000, S. 529–534.

[106] REGER, JOHANN ; JOUFFROY, JÉRÔME: Algebraische Ableitungsschätzung im Kontext der Rekonstruierbarkeit (Algebraic Time-derivative Estimation in the Context of Reconstructibility). In: *at - Automatisierungstechnik* Bd. 56 (2009), Nr. 6(2008), S. 324–331.

[107] RÖHRIG, C. ; JOCHHEIM, A.: Identification and compensation of force ripple in linear permanent magnet motors. In: *Proceedings of the 2001 American Control Conference. (Cat. No.01CH37148)*. Bd. 3, 2001, S. 2161–2166 Bd.3.

[108] RÖHRIG, C.: Linearmotoren sicher positioniert. In: *Antriebstechnik* Bd. 43 (2004), Nr. 5, S. 50–56.

[109] RÖHRIG, CHRISTOF: Reduzierung der Kraftwelligkeit synchroner Lineardirektantriebe durch Optimierung der Kommutierung. In: *SPS/IPC/Drives, Elektrische Automatisierung - Systeme und Komponenten, 2005* (2005), S. 431–439.

[110] RÖHRIG, CHRISTOF: *Zur Lageregelung synchroner Linearmotoren für hochdynamische Anwendungen unter besonderer Berücksichtigung der Kraftwelligkeit.* Düsseldorf : VDI-Verl., 2003 — ISBN 978-3-18-501608-0.

[111] ROSENBAUM, SÖREN: *Entwurf elektromagnetischer Aktoren unter Berücksichtigung von Hysterese, Ilmenauer Schriften zur Mechatronik* : Univ.-Verl. Ilmenau, 2011 — ISBN 978-3-86360-008-2.

[112] RUBEN, S. D. ; TSAO, T. C.: Optimal commutation laws by real-time optimization for multiple motor driven systems. In: *Proceedings of the 2010 American Control Conference*, 2010, S. 1942–1947.

[113] S, LAKSHMIKANTH ; K.R, NATRAJ ; K.R, REKHA: Noise and Vibration Reduction in Permanent Magnet Synchronous Motors –A Review. In: *International Journal of Electrical and Computer Engineering (IJECE)* Bd. 2 (2012), Nr. 3, S. 405–416.

[114] SALAH, WAEL ; ISHAK, DAHAMAN ; HAMMADI, K.J.: Minimization of torque ripples in BLDC motors due to phase commutation - A review. In: *Przeglad Elektrotechniczny* Bd. 87 (2011), S. 183–188.

[115] SAWYER, BRUCE A.: Magnetic positioning device. Patentnummer: US 3376578 A. USA, 1966.

[116] SCHAEFFEL, CHRISTOPH ; KATZSCHMANN, MICHAEL ; MOHR, HANS-ULRICH ; GLOESS, RAINER ; RUDOLF, CHRISTIAN ; MOCK, CHRISTOPHER ; WALENDA, CAROLIN: 6D planar magnetic levitation system - PIMag 6D. In: *Mechanical Engineering Journal* Bd. 3 (2016), Nr. 1, S. 15-00111-15-00111.

[117] SCHIRMER, WERNER: Technischer Lärmschutz: Grundlagen und praktische Maßnahmen zum Schutz vor Lärm und Schwingungen von Maschinen (VDI-Buch) (German Edition). 2. Aufl. : Springer, 2006 — ISBN 978-3-540-25507-9.

[118] SCHLENSOK, CHRISTOPH ; SCHMÜLLING, BENEDIKT ; HAMEYER, KAY: Elektromotoren - Geräusche durch Elektromagnetismus -- Bewertung und Optimierung elektrischer Maschinen mittels numerischer Simulation. In: *Antriebstechnik : Konstruktion, Entwicklung und Anwendung von Antrieben und Steuerungen ; Organ der Forschungsvereinigung Antriebstechnik e.V.* (2006), Nr. 2, S. 66.

[119] SCHRÖDER, DIERK: *Elektrische Antriebe - Regelung von Antriebssystemen.* 4. Aufl. Berlin: Springer Vieweg, 2015. — ISBN 978-3-642-30096-7.

[120] SCHRÖDER, DIERK: *Elektrische Antriebe: Grundlagen.* 5. Aufl. Berlin [u.a.]: Springer Vieweg, 2013. — ISBN 978-3-642-30470-5.

[121] SHIM, H. ; KOCHEM, M. ; TOMIZUKA, M.: Use of accelerometer for precision motion control of linear motor driven positioning system. In: *Proceedings of the 24th Annual Conference of the IEEE Industrial Electronics Society, 1998. IECON '98*. Bd. 4, 1998, S. 2409–2414 Bd.4.

[122] SPINDLER, JONAS: *Nichtlineare Entkopplungsregler für lineare Direktantriebe.* Ilmenau, Technische Universität, Bachelorarbeit, 2016.

[123] STÖLTING, H.-D. ; KALLENBACH, E. ; AMRHEIN, W. (Hrsg.): *Handbuch elektrische Kleinantriebe: mit 47 Tabellen*. 4. Aufl. München: Hanser, 2011. — ISBN 978-3-446-42392-3.

[124] STROBL, DIETER: *Identifikation nichtlinearer mechatronischer Systeme mittels neuronaler Beobachter*. München : Utz, Wiss., 1999 — ISBN 978-3-89675-641-1.

[125] STÜBIG, CORNELIA: *Effiziente Berechnungsverfahren für Hybridschrittmotoren*. Düsseldorf: VDI-Verl., 2012. — ISBN 978-3-18-340021-8.

[126] SU, Y. X. ; ZHENG, C. H. ; DUAN, B. Y.: Automatic disturbances rejection controller for precise motion control of permanent-magnet synchronous motors. In: *IEEE Transactions on Industrial Electronics* Bd. 52 (2005), Nr. 3, S. 814–823.

[127] SUREK, DOMINIK ; STEMPIN, SILKE: *Technische Strömungsmechanik: für Studium, Examen und Praxis*. 2. Aufl. Wiesbaden: Springer Vieweg, 2014 — ISBN 978-3-658-06061-9.

[128] SZABO, LORAND: On the Optimal Teeth Geometry of a Hybrid Linear Stepper Motor. In: *Oradea University Annals, Electrotehnical Section*, 1998, S. 109–114.

[129] TAN, K. K. ; HUANG, S. N. ; LEE, T. H.: Robust adaptive numerical compensation for friction and force ripple in permanent-magnet linear motors. In: *IEEE Transactions on Magnetics* Bd. 38 (2002), Nr. 1, S. 221–228.

[130] TEIGELKÖTTER, JOHANNES: Energieeffiziente elektrische Antriebe: Grundlagen, Leistungselektronik, Betriebsverhalten und Regelung von Drehstrommotoren. Wiesbaden: Springer Vieweg, 2013. — ISBN 978-3-8348-1938-3.

[131] VAN DEN BRAEMBUSSCHE, P. ; SWEVERS, J. ; VAN BRUSSEL, H. ; VANHERCK, P.: Accurate tracking control of lincar synchronous motor machine tool axes. In: *Mechatronics* Bd. 6 (1996), Nr. 5, S. 507–521.

[132] VERMA, S. P.: Noise and vibrations of electrical machines and drives; their production and means of reduction. In: *Proceedings of International Conference on Power Electronics, Drives and Energy Systems for Industrial Growth*. Bd. 2, 1996, S. 1031–1037 Bd.2.

[133] WANG, M. ; LI, L. ; YANG, R.: Overview of thrust ripple suppression technique for linear motors. In: *Chinese Journal of Electrical Engineering* Bd. 2 (2016), Nr. 1, S. 77–84.

[134] WEBER, WOLFGANG: *Industrieroboter: Methoden der Steuerung und Regelung*. 3. Aufl. München: Fachbuchverlag Leipzig im Carl Hanser Verlag, 2017 — ISBN 978-3-446-43355-7.

[135] WEIGEL, JAN: *Modellbildung und parameteradaptive hochdynamische Regelung eines permanenterregten Synchronlinearmotors*: Shaker, 2005. — ISBN 978-3-8322-3872-8.

[136] WEIß, HEIKO ; BAUER, THOMAS ; EICHHORN, MIKE: Automatic optimization of load angles for a linear hybrid stepper motor. In: *Engineering for a Changing World: Proceedings, 59th IWK, Ilmenau Scientific Colloquium*. Bd. 59. Ilmenau, 2017.

[137] WEIß, HEIKO ; MEISTER, ANDREAS ; AMENT, CHRISTOPH ; DREIFKE, NILS: Modeling and System Identification of a Variable Excited Linear Direct Drive. In: *World Academy of Science, Engineering and Technology, International Journal of Mechanical and Mechatronics Engineering Vol:11, No:3*. Prag, 2017.

[138] WEIß, HEIKO ; PETERSEIM, MARCEL: Model based optimization of commutation for a linear hybrid stepper motor. In: *7th International Electric Drives Production Conference (EDPC, IEEE),* Würzburg, 2017, S. 170–176.

[139] WEIß, HEIKO ; SCHARDT, YURI A.W. ; AMENT, CHRISTOPH: Optimierung und Geräuschreduzierung eines geregelten linearen Hybridschrittmotors. In: *52. Regelungstechnisches Kolloquium*, Boppard, 2018.

[140] WELCH, RICHARD ; KAUFMAN, GEORGE: Advantages of Sinusoidal Ke Motor over the Quasi- sinusoidal Ke Motor when operated with a Trapezoidal Drive. In: *Proceedings of the third Annual Motion Control Technology Conference : held as part of the Motion Control Technology Conference & Exhibition/East*. Boston, USA, 1991, S. 121–127.

[141] WISLATI, RIHEB ; HAASE, HELMUT: Using COMSOL Multiphysics for the Modelling of a Hybrid Linear Stepper Motor. In: *COMSOL Users Conference*. Grenoble, 2007.

[142] YANG, LIANG-LIANG ; SHI, WEI-MIN ; PENG, LAI-HU: Parameter Identification and Compensation of Force Ripple for Linear Drive System through Iterative Learning. In: *International Conference on Artificial Intelligence and Soft Computing Lecture Notes in Information Technology, Vol.12*. Poland, 2012, S. 34–41.

[143] ZHAO, S. ; TAN, K. K.: Adaptive feedforward compensation of force ripples in linear motors. In: *Control Engineering Practice*, *Modelling and Control of Biomedical Systems*. Bd. 13 (2005), Nr. 9, S. 1081–1092.

[144] ZHU, Y. W ; JUNG, K. S ; CHO, Y. H: The Reduction of Force Ripples of PMLSM Using Field Oriented Control Method. In: *2006 CES/IEEE 5th International Power Electronics and Motion Control Conference*. Bd. 2, 2006, S. 5.

[145] ZHU, Z. Q. ; LIU, Y. ; HOWE, D.: Comparison of Performance of Brushless DC Drives under Direct Torque Control and PWM Current Control. In: *2005 International Conference on Electrical Machines and Systems*. Bd. 2, 2005, S. 1486–1491.

[146] ZSCHÄCK, STEPHAN: *Mehrgrößenregelung von Nanopositionier- und Nanomessmaschinen mit großen Bewegungsbereichen.* Ilmenau, Technische Universität, Dissertation, 2015.